U0284481

卷烟纸质量参数检测及综合评价分析方法

余振华 谢 姣 詹建波 ◎ 著

西南交通大学出版社
·成 都·

图书在版编目（ＣＩＰ）数据

卷烟纸质量参数检测及综合评价分析方法 / 余振华，谢姣，詹建波著. —成都：西南交通大学出版社，2023.3
ISBN 978-7-5643-9238-3

Ⅰ. ①卷… Ⅱ. ①余… ②谢… ③詹… Ⅲ. ①卷烟纸 – 研究 Ⅳ. ①TS761.2

中国国家版本馆 CIP 数据核字（2023）第 055985 号

Juanyanzhi Zhiliang Canshu Jiance ji Zonghe Pingjia Fenxi Fangfa
卷烟纸质量参数检测及综合评价分析方法

余振华　谢　姣　詹建波　著

责任编辑	牛　君
封面设计	何东琳设计工作室

出版发行	西南交通大学出版社 （四川省成都市金牛区二环路北一段 111 号 西南交通大学创新大厦 21 楼）
邮政编码	610031
发行部电话	028-87600564　028-87600533
网址	http://www.xnjdcbs.com
印刷	四川玖艺呈现印刷有限公司

成品尺寸	185 mm × 260 mm
印张	15.5
字数	318 千
版次	2023 年 3 月第 1 版
印次	2023 年 3 月第 1 次
书号	ISBN 978-7-5643-9238-3
定价	128.00 元

编 委 会

主要著者　余振华　谢　姣　詹建波
其他著者　戴　毅　郑　晗　王　浩
　　　　　　　王　旭　岳保山

前　言 PREFACE

卷烟纸是一种专供包裹烟草制作卷烟的薄页型纸。纸张结构紧密、柔软细腻，不透明度高，具有较高的纵向抗张强度、一定的透气性和适合的燃烧速度。卷烟纸的生产在我国已有 80 年的历史，但仅是近 10 年，国内造纸工业通过引进和消化、吸收国外生产设备和工艺技术，结合产品特性，在短流程网部，浆料补浆系统对冲平衡，浆料留着率、施胶等系统关键工艺技术方面实施了自主设计和重组集成研究，实现了设备可操作性强，关键流程短，能耗低，纸张控制精度高，卷烟纸定量、透气度、抗张能量吸收、阴燃速率等指标稳定且优异的长足进展，突破了国外相关卷烟纸关键技术壁垒的瓶颈，适应消费者的需求，生产出与世界先进水平同步的卷烟纸，在卷烟纸生产技术上，取得了实质性的进步。其中有技术进步的因素，也有市场变化的因素。卷烟纸生产在相继引进、吸收国外先进生产技术后，提高了生产能力，目前已达到相当的规模，对冲了国际贸易窗口期掣肘。生产的卷烟纸的各项物理指标及使用性能有了质的飞跃，如何解决卷烟纸质量参数的检测、评价成了卷烟纸生存和发展的最大问题。

卷烟纸主要用于包裹烟丝，其作用是供给燃烧，形成烟气。卷烟纸主要原料是漂白麻（木）浆，也掺用部分漂白木浆或草浆，纸浆中通常会加填碳酸钙增强白度（一般≥87%）和少量助燃剂。纸面上大多有由长网造纸机上水印辊或机外干压辊压成的罗纹印记（横罗纹、竖罗纹），少量无罗纹。

卷烟纸在卷烟重量*中所占比例很小，仅 5%~9%（烟支规格导致），但对卷烟产品的影响要比其他烟用材料更显著，原因是：① 卷烟纸要具有一定的物理特性，以满足卷、接、包生产的要求；② 卷烟纸包裹着烟丝，

注：*实为质量，包括后文的称重、恒重等。但现阶段我国烟草行业的生产和科研实践中一直沿用，为使读者了解、熟悉行业实际情况，本书予以保留。——编者注

和烟丝一起参与燃吸过程,共同构成卷烟的吃味风格;③ 对烟支的阴(静)燃性、燃烧速度、烟支主流烟气与测流烟气的释放量有重要影响。所以,卷烟纸的组分、抄制工艺和自然透气度等指标的选择在卷烟设计中的地位和作用日趋重要。

卷烟纸由植物纤维和遍布在其结构中的无机填料组成。生产卷烟纸通常采用的纤维是亚麻纤维和木浆[木浆纤维,同时也有含麻(亚麻)、半麻、全麻纤维],在造纸工艺中通常是将含有填料和漂白纤维的稀释稠浆喷涂在匀速运动的多孔带上,使稠浆脱水形成最终的薄纸层。亚麻纤维因其对卷烟吃味的影响较小而应用较广。卷烟纸中的无机填料主要是碳酸钙以及一些助剂和燃烧调节剂。在卷烟纸的生产工艺中碳酸钙的含量高达 20% 左右,其对卷烟纸的质量以及卷烟的燃烧过程和烟灰[灰分(凝灰性能)]有极为重要的影响。另外,卷烟纸中使用的一些助剂也对卷烟的品质有影响。卷烟纸中曾经添加的燃烧调节剂是无机盐,主要是碱金属盐(如碱金属柠檬酸盐、碱金属苹果酸盐和碱金属氯化物等)。目前,由于有机酸盐具有无机酸盐不可比拟的优越性,越来越受到人们的关注,并已得到广泛应用。

传统的卷烟纸质量参数检测标准存在检测过程繁琐、耗时、易受干扰、误差大等缺点,与国内卷烟纸技术迅猛发展的现状不相适宜,在该领域的专著很少,目前能够查阅到卷烟纸质量参数检测和评价分析方法的专著难觅。技术人员对卷烟纸质量参数检测和评价知识的获得,主要是消费反馈和接受实用性培训,或者是在卷烟纸加工方面的书籍中获得一星半点的卷烟纸技术应用介绍。我们也欣喜地发现,专家和学者们正在关注卷烟纸质量参数的实际应用和推广关联评价。

我们立足于卷烟纸质量参数的测试评价及实际应用。近年来，我们几个从事烟草、造纸、分析的同道，在卷烟纸、卷烟纸组分和参数设计测试评价等领域开展合作，并取得了显著的进展。在这些年的实际工作中，我们认识到业界迫切需要一本关于卷烟纸质量参数检测和评价分析方法的专业性书籍，为该领域的从业者提供必要的入门级知识准备。基于此良好愿景，我们组织几位直接参与该项工作的同仁共同编撰了这本《卷烟纸质量参数检测及综合评价分析方法》，希望能够起到抛砖引玉的作用，希望有更多的专家、学者及同仁们来共同推动我国卷烟纸质量技术的发展。

事实上，本书编撰并不顺利。我们所涉及的评价方法是一个跨学科的领域，我们的工作实际包括烟草、卷烟纸、物理化学、分析等多个领域，这几个领域联系是如此紧密，以至于我们的从业人员在工作过程中对各方面的知识都要有所了解，否则对技术开始和方法建立中遇到的问题的考虑就难免失之偏颇。所以，在编撰这本书时，正是出于这个行业实际的需要，将相关领域的基础知识都涵盖在本书之中。希望该领域的从业者能够通过本书尽可能多地获得必要的帮助和技术支持，即使不能够完全为其解惑，也希望能够帮助读者发现更多可获得帮助的资源。

由于作者水平所限，加之书稿涉及的内容范围较广泛，书中难免存在疏漏不妥之处，敬请读者批评指正。

作 者

2022 年 10 月

目 录 CONTENTS

CHAPTER ONE

第一章

卷烟纸的基本概况

第一节 卷烟纸生产的发展
▶▶▶▶▶▶▶▶▶

我国是卷烟制造与消费大国,烟草种植面积约 110 万公顷(hm^2 ,1 $hm^2 = 10^4 m^2$),据有关数据显示,卷烟年产量高峰为 4000 余万箱,截止到 2021 年全国烟草行业实现利税达万亿元。随着社会越来越关注健康环保,人们对卷烟降焦工程越来越重视。为了减少卷烟在燃烧过程中对人体的危害,我国在 2005 年正式通过了《烟草控制框架公约》(FCTC),并积极推广卷烟降焦工程。2008 年,国家烟草专卖局要求卷烟中焦油限量 13 mg/支,2011 年调为 12 mg/支。烟草行业中各大厂家纷纷投入资金推动卷烟降焦工作。卷烟是主要的烟草制品,卷烟辅料包括卷烟纸、丝束、接装纸、成型纸等。作为卷烟的主要辅料之一,虽然卷烟纸重量仅占整支卷烟重量的5%,但在卷烟制造过程中是必不可少的原料之一。在卷烟的燃烧过程中,卷烟纸是除烟丝以外唯一直接参与燃烧的组分,卷烟纸在参与燃烧的过程中不仅对卷烟燃烧外观、烟气组分和抽吸品质有着直接影响,主要表现在:卷烟纸组分或卷烟纸燃烧后组分对烟气流有着直接影响;烟气组分通过卷烟纸扩散;烟气组分与卷烟纸组分反应;通过对烟气气流速度的影响,未燃烧段过滤效率发生变化。如何在满足卷烟外观的前提下,提高卷烟纸对卷烟燃烧积极的影响,是目前卷烟纸行业普遍关注的问题之一。卷烟纸作为一种特殊用纸,生产难度大,生产厂家少。目前全球卷烟纸用量约为 30 万吨,1/3 产自中国,另外 2/3 产自法国、德国、意大利、日本、美国及印尼等地。法国的 Schweitzer-Mauduit 是目前全球排名第一的卷烟纸生产商,年产量可达 7 万多吨,占全球总产量约 23%;排名第二的是奥地利的 Trierenberg Group,年产量约 5 万吨,占全球总产量约 16%。

我国最早的卷烟纸生产厂家是始于 20 世纪 30 代的浙江民丰,一家英国下属公司。1949 年以后,随着卷烟产业的发展,卷烟辅料产业也随之发展,其中卷烟纸主要由浙江民丰、杭州华丰、山东造纸、牡丹江造纸、安徽淮南造纸五家卷烟纸厂家提供,当时号称中国的五大卷烟纸厂。但当时生产设备较为落后,卷烟纸产量也较低,不能满足国内需求;而且产品质量差,高档卷烟纸主要依靠国外进口。以1951 年为例,全国卷烟年产量为 356.7 万吨,需卷烟纸约 9000 t,但同年五大卷烟纸厂产量仅约 4488 t。改革开放后,卷烟产业迅速发展起来,卷烟的年产量达到了3300 ~ 3400 万大箱。随着卷烟产业的发展,对卷烟纸的需求量也随之增长,国内各纸厂瞄准此商机，纷纷配置卷烟纸生产机器。20世纪90年代初，卷烟纸产量大幅度上升，但卷烟纸几乎都停留在低透气度的水平，难以达到降焦的效果。高档卷烟纸市场主要由法国摩迪、奥地利 Wattens 等厂家占领，致使国产卷烟纸大量积压。为提高竞争力，杭州华丰在1993年引进法国 Allmand 公司的先进设备及技术，生产出了具有高透气度的优质卷烟纸。在市场经济的推动下，国内其他卷烟纸生产企业也纷纷加快技术改造的速度，先后引进国际先进的卷烟纸生产设备，卷烟纸厂家在技术装备、工艺控制、产品质量等方面都有了较大的提高。目前我国生产的卷烟纸的质量基本上达到了国际一流水平，卷烟纸产量已基本满足国内需求。我国的卷烟纸重点生产企业有中烟摩迪纸业、牡丹江恒丰纸业、云南红塔蓝鹰纸业、四川锦丰纸业、杭州华丰纸业、嘉兴民丰纸业等。

目前全球卷烟纸生产产量排名第一的施伟策摩迪集团和排名第二的奥地利特伦伯集团生产卷烟纸的历史都有 130~150 年。在100多年的卷烟纸生产历史中，它们在不断地进行基础研究和应用研究，其中法国摩迪的年销售额为 54 670 万美元，用于科研的经费达 600 万美元，占销售额的 1.10%；奥地利的特伦伯集团年销售额为 65 604 万美元，用于科研的经费达 880 万美元，占销售额的 1.34%；而我国卷烟纸企业用于科研的费用仅占销售额的 0.5%左右。

随着人们生活水平的不断提高，消费者对卷烟的兴趣已经不仅仅局限于卷烟本身，对卷烟其他方面提出了更高的要求，譬如：要求烟支外表具有更强的吸引力、较好的吸味、美观的燃烧包灰性能等，特别是近十几年来，人们的健康意识不断增强，对卷烟降焦越来越重视。卷烟纸生产企业通过对生产工艺技术的不断研究与创新，同时与卷烟生产企业紧密配合，在改善卷烟纸燃烧性能、有效降低卷烟焦油等方面取得了显著成效。

第二节 卷烟纸质量指标的发展

表 1-1、表 1-2 和表 1-3 列出了我国历年的卷烟纸产品标准，由历年对卷烟纸的各项指标要求变化可知，随着烟草行业需求不断变化，标准指标不断收紧，卷烟纸产品质量不断提高。同时，随着我国卷烟纸工艺水平不断提升以及卷烟纸种类的拓展，对卷烟纸性能要求发生了重要的变化。

一、定量的变化

早期卷烟纸的定量比较低，卷烟机和卷烟纸机装备均比较落后，低定量卷烟纸可满足低速卷烟机的需求。由于当时对卷烟产品的外观要求并不高，卷烟纸定量低卷烟产品露底现象比较明显。从 20 世纪 90 年代初期开始，我国卷烟生产企业从国外大量引进了高速卷烟机，并加大了对卷烟品牌的设计和投入力度，使我国卷烟事业得到蓬勃发展。为了满足高速卷烟机的使用需求及人们对卷烟产品外观的追求，卷烟纸生产企业通过不断引进和改造技术，使卷烟纸产品定量的稳定性有了大幅度提高。

二、透气度的变化

20 世纪 70 年代以前，对卷烟产品的焦油量要求不高，因此，卷烟纸透气度指标较低，当时采用葛尔莱（Gurley）方法测试，透气度指标最高为 26 s/100 mL，相当于 20 CU 左右。20 世纪 80 年代，采用消伯尔（Schopper）方法测试，规定特号卷烟纸为 120 ~ 300 mL/min，1 号卷烟纸为 150 ~ 400 mL/min，相当于 12 ~ 40 CU。当时国内卷烟纸透气度的实际生产水平只能达到 40 CU 以下，卷烟纸的定量不均匀，透气度偏差比较大。进入 20 世纪 90 年代，烟草行业需求发生变化，卷烟纸透气度指标不断提高，透气度检测方法采用国际上认可的测定方法，即在 1.00 kPa 的压力下，通过 1 cm² 的待测样品表面的空气流速（cm³/min，简称 CU）。经过十几年的努力，国内卷烟纸生产企业的产品质量得到了大幅度提高，可以生产透气度在 110 CU 以下任何透气度的卷烟纸，标准偏差和变异系数与进口纸相近，透气度指标的稳定性也比较好。卷烟纸透气度的提高和稳定为卷烟产品焦油量的降低和稳定做出了重要贡献。

表 1-1 我国历年卷烟纸产品标准

标准编号	等级	定量/(g·m⁻²)	抗张强度/(kN·m⁻¹)	伸长率/%	透气度/(mL·min⁻¹)	白度/%	不透明度/%	燃烧度/mm	尘埃度/(个·m⁻²)	接头/(个·盘⁻¹)
QB 31—1978	特号	23±1.5	≥0.766	≥21.4	120~300	>85	—	—	≤100	≤10
	一号	24±1.5	≥0.721	≥1.2	150~400	≥80	—	—	≤200	≤10
	二等品	23±1.65	—	—	150~450	≥75	—	—	≤260	—
QB 933—1984	全麻纸	25±1.0	≥0.915	≥1.6	<50	≥85	—	≥120	≤40	≤5
	二等品	25±2.0	—	—	—	≥83	—	—	≤52	≤7
GB/T 12655—1990	A1	25±1.2	≥0.95	≥1.6	31.8~61.2	82~87	≥73	≥60	≤40	≤5
	A2		≥0.92		61.2~100					
	B1		≥0.88		24.7~61.2		≥70	≥60	≤50	≤5
	B2		≥0.85		61.2~100					
	C	$25\pm^{1.5}_{1.0}$	≥0.78	≥1.4	36.5~110.6	82~87	≥68	—	≤60	≤7
	D	$25\pm^{1.5}_{1.0}$	≥0.75	≥1.2	42.4~110.6	80~85	≥68	—	≤70	≤7
	二等品	$25\pm^{2.0}_{1.0}$	≥0.72	—	—	78~85	—	—	—	≤8
GB/T 12655—1998	A1	26.5±1.0	>0.89	>1.2	设计值±12%	87	>73	>60	<40	<1
	A2		>0.87		设计值±15%		>70		<50	<2
	B	26.5±1.2	>0.87		设计值±20%	85	>70		<50	<2
	C	26.5±1.3	>0.78	>1.1	设计值±30%	85	>68		<60	4

表 1-2 国家标准 GB/T 12655—2007《卷烟纸》

标准编号	等级	定量 /g·m^{-2}	抗张能量吸收 /J·m^{-2}	透气度 设计值/CU <45	透气度 设计值/CU >45	透气度 变异系数/%	白度 /%	不透明度 /%	阴燃速率 /s·(150 mm)$^{-1}$	尘埃度 /个·m^{-2}	接头 /个·盘$^{-1}$
GB/T 12655—2007	A	设计值±1.0	>5.0	±5	6	<8	287	273	设计值±15	<12	<1
	B			±6		<10				<16	<1
	C			±7		≤12				<24	<2

注：1 CU 相当于 10 mL/min。

表 1-3　国家标准 GB/T 12655—2017《卷烟纸基本性能要求》

指标名称	单位	要求
定量	$g \cdot m^{-2}$	标称值±1.0
透气度	$cm^3 \cdot min^{-1} \cdot cm^{-2}$	标称值±7
阴燃速率 [a]	$s \cdot (150\ mm)^{-1}$	设计值±15

注：a 仅适用于透气度均匀分布的卷烟纸。

三、抗张强度的变化

表 1-4 为历年来卷烟纸抗张强度指标要求的变化。

表 1-4　卷烟纸强度指标的变化

《卷烟纸》标准		QB 31 —1978	QB 933 —1984	GB/T 12655 —1990	GB/T 12655 —1998	GB/T12655 —2007	GB/T 12655— 2017
卷烟机车速 /支·min⁻¹		800 ~ 1600	1000 ~ 2500	4500 ~ 7 000	12 000 双盘 14 000	12 000 双盘 16 000	12 000 双盘 16 000
强度 指标	抗张强度 （不小于） /kN·m⁻¹	0.766	0.846	0.95	0.89	修改为 抗张能量 吸收：>5 J/m²	无
	伸长率 （不小于） /%	1.4	1.6	1.6	1.2		
使用 情况	上机 没问题	满足使 用需要	上机 易断纸	不影响 使用	不影响 使用	不影响 使用	不影响 使用
原因	对强度 要求不高	卷烟 机车速 不高	卷烟机 车速迅速 提高，纸定 量、厚薄不 稳定，分切 盘面粗糙	纸机自控 能力提高， 纸张稳定性 好，分切质 量好	纸机 自控能 力强，纸 张稳定 性好，分 切质量 好	纸机自控 能力强，纸张 稳定性好，分 切质量好	纸机自 控能力 强，纸张 批内、批 间稳定性 好，分切 质量好

注：抗张能量吸收是抗张强度和伸长率积分关系。修改为抗张能量吸收主要解决抗张强度和伸长率这两项指标测试时，受环境条件影响大的问题，湿度增加，抗张强度减少、伸长率增大；反之，则两项指标相反。抗张能量吸收既弥补了这两个指标的关系，又保证了产品的使用强度要求。

早期国产卷烟纸存在着厚薄不均、浆块、孔洞、分切质量不过关和盘面粗糙等问题，在卷烟机使用过程中质量不稳定，经常断纸。由表 1-4 可以看出，GB/T 12655—2007 将抗张强度指标修改为抗张能量吸收 5 J/m²，相当于抗张强度 0.78 kN/m 和伸长率 1.2%。GB/T 12655—2017 规定，卷烟纸的抗张强度已经不作为基本的强度指标。卷烟机生产车速提高而卷烟纸强度指标下降的主要原因有两方面：一是近几年来国产卷烟纸定量、强度和匀度的稳定性以及外观质量、分切质量有了质的提高；二是卷烟机的制造技术、运行的稳定性得到大幅度提高。事实上，目前国内各类卷烟纸抗张强度基本都在 0.95 kN/m 以上，足以满足各种进口卷烟机型的生产需要。

四、外观的变化

20 世纪 90 年代以前，国产卷烟纸的制造水平很低，孔洞、浆块、匀度差和罗纹不均匀等外观问题很多。20 世纪 90 年代初期，国外卷烟纸逐步进入我国市场，虽然卷烟纸各项技术指标的稳定性明显好于国产卷烟纸，但也存在着露底和压纹不清晰等现象。近几年来，卷烟纸生产企业通过技术改进，国产卷烟纸的各项指标可与进口产品相媲美，特别是在外观的均匀性、手感、罗纹清晰度等方面都有了很大的改善和提高。

五、燃烧性能的变化

对卷烟纸的燃烧性能，不同时期要求不同。20 世纪 50～60 年代，人们生活水平较低，消费者唯恐卷烟纸燃烧速度太快，获得的抽吸口数少；到了 20 世纪 80～90 年代，由于卷烟产品质量不高，烟支燃烧不畅的情况较多，研究重点转向保持卷烟燃烧不熄火方面。进入 21 世纪以来，随着烟草行业对卷烟产品降焦减害进程的不断深入，对卷烟纸燃烧性能的研究已转向卷烟纸燃烧性能如何与烟丝燃烧性能的匹配以及协同卷烟产品降焦减害方面。

六、接头控制的变化

每盘 5000 m 卷烟纸的接头，早期控制标准为 10 个。在 1990 年、1998 年及 2007 年版的国家标准中，规定 A、B 级产品每盘接头个数不应多于 1 个，C 级产品每盘接头个数不应多于 2 个，这充分说明了卷烟纸的生产水平和控制水平在不断提高。

七、物理指标控制的变化

随着卷烟纸的生产水平和控制水平在不断提高以及卷烟产品品质的多样化需求，管理部门对于卷烟纸质量控制实施了抓主要指标监管的转变，新版国家标准 GB/T 12655—2017《卷烟纸基本性能要求》仅有定量、透气度、阴燃速率三项性能指标，其他如 GB/T 12655—2007《卷烟纸》中的透气度变异系数、纵向抗张能量吸收、白度、荧光白度等指标全部取消，交由供需双方自控。

八、安全卫生要求的变化

之前各个时期的卷烟纸国家标准中对于卷烟纸的安全卫生要求仅做了原材料的基本要求，2020 年中国烟草总公司颁布实施了 YQ 94—2020《卷烟纸安全卫生要求》，进一步细化明确了卷烟纸中无机元素（3 类）、D_{65} 荧光亮度、特殊纤维等指标限量要求，开启了卷烟纸质量安全卫生要求控制新的篇章。

九、卷烟消费市场诉求变化

卷烟消费市场的现阶段呈梯次化细分，对于卷烟燃烧外观质量的诉求也具多样性，集中度较多的诉求体现为卷烟纸挺度、不透明度、燃烧灰色、持灰强度、缩灰率等。结合消费市场新的质量指标诉求，针对卷烟制品主要配套材料的卷烟纸，对其品质的整体质量评价又提出了新问题。

第三节 卷烟纸的品种与规格

一、品 种

卷烟纸的品种分类见表 1-5。

表 1-5　卷烟纸品种分类

序号	项目	内容
1	种类	机制用纸：按质量等级分为 A、B、C 三等
2		手工用纸：通常为平张卷烟纸
3	定量	$24 \sim 47 \ g/m^2$，国内常用 $26.5 \sim 30 \ g/m^2$
4	燃烧性	按燃烧性能分为普通卷烟纸和快燃卷烟纸等
5	罗纹	按罗纹方式分为横罗纹、竖罗纹、斜罗纹、格罗纹、无罗纹等
6	原料	按原料组成分为木浆（W）、麻浆（F）、混合浆（M）等
7	特殊要求	按卷烟个性品种要求，分为彩色、香味等

二、规 格

1. 卷烟盘纸

分切成盘状，直接供卷烟机卷烟使用的卷烟纸，盘纸规格要求见表 1-6。

表 1-6　卷烟盘纸规格要求

规格	宽度/mm		长度/m		卷芯/mm		盘径/mm
					内径	壁厚	
种类	现常用	26.5	现常用	5000	$\Phi120$	4～5	490～550
	原常用	27.0	其他（根据定量变化）	3500、4500、5500、6000			
	双盘	53/54					
	其他	17、19、22、24～54					
允差	±0.20		±20		+0.5	±0.1	<550

2．卷筒纸

未分切成盘状的卷烟纸，其规格为：1033.5 mm×15 000 mm、1033.5 mm×20 000 mm、1053 mm×5000 mm 等。主要是根据分切机规格来决定卷筒纸宽度规格。

3．平　张

用于手工卷制卷烟的卷烟纸，其规格为：382 mm×762 mm、508 mm×762 mm 即 15"×30"、20"×30"。根据不同国家手工卷烟习惯，切成各种小规格。

4．规　格

供需双方协商。

三、包装形式

1．卷烟纸

为了保护卷烟纸不受损伤，用包条纸将卷烟盘纸外层包覆，用胶带将搭口粘牢，然后采用纸箱和托盘包装。

纸箱包装：通常每箱 10 盘。每 5 盘为 1 组，用包装纸包裹，每箱 2 组，纸箱内衬塑料薄膜，防止卷烟纸受潮。

托盘包装：通常每托盘为 120 盘、140 盘或 160 盘。采用拉伸膜缠绕包装。

2．平　张

每令 500 张，每件用包装纸和塑料编织布包裹捆扎，并用夹板或托板打包。

第四节　卷烟纸的构成

卷烟纸内部是多孔的网络结构，长纤维在其中构成网络的基本结构并使之有一定的强度，短纤维和填料起着补强与填料的作用，改变网络的多孔性性质以改善卷烟纸的透气度、不透明度、白度及均匀度等特性。另外，添加少量的助剂可改变卷烟纸的燃烧性能及包灰性能。

一、纤维原料

纤维作为卷烟纸重要的生产原料之一，其重量占卷烟纸总重量约60%，对卷烟纸的各种物理性能有重要的影响。卷烟纸的纤维原料有木浆及麻浆，木浆种类有针叶木浆、阔叶木浆，麻浆有黄麻浆、亚麻浆及红麻浆等。在木浆中，针叶木的纤维细长柔软，打浆时易细纤维化，成纸纤维间结合强度较大。因此，使用针叶木浆抄纸对成纸的强度有着积极的影响。阔叶木的纤维相对较短，细胞壁厚、胞腔小，不易细纤维化，成纸时纤维间形成自然的空气通道。因此，在卷烟纸抄制时配用阔叶木浆，成纸的松厚性好、透气度好。在麻浆中，亚麻浆用作卷烟纸原料居多，也有使用大麻浆、剑麻浆等作为原料。麻浆纤维具有强度高、弹性好、纤维细长的特点，用于卷烟纸生产具有一定优势。而在麻浆中，亚麻浆的透气性能最好，用亚麻做卷烟纸原料能够大幅度提高成纸的透气度，随着亚麻浆使用比例的增加，卷烟纸的透气度也更高；并有利于提高卷烟纸的燃烧性能，而对卷烟纸白度影响不大。但使用亚麻浆会降低卷烟纸的抗张强度和不透明度，其影响程度随着亚麻浆所占比例的增加而增加。对于这种不足，可通过技术手段来调节。

一般认为，相比木材类纤维，麻类纤维由于长度更长、长宽比更大且胞腔小、胞壁厚，因此抄出的纸强度大、柔软性好且细腻，适用于高档卷烟纸的抄制。过去卷烟纸生产用的原料有全木浆、全麻浆，也有用草浆、木浆、麻浆配抄卷烟纸。目前我国卷烟纸生产厂家大多采用的是阔叶木浆及针叶木浆按一定比例配抄，少量高档卷烟纸中添加麻浆；另外，高档卷烟纸也有以全麻浆作为原料。卷烟纸用的浆料中纤维含量大小排序：亚麻浆<大麻浆<阔叶木浆<针叶木浆。

研究表明，造纸中添加亚麻浆在一定程度上可以改善卷烟的吸味，半纤维素中的糖可能是影响吸味的因素之一。对卷烟纸裂解产物进行研究表明，吸烟时产生的苯及多环芳烃主要来自于卷烟纸纤维素的高温裂解,这可能是构成木浆和麻浆纤维素的单糖聚合度及种类的不同造成的,其中用木浆做原料成纸裂解产物中酚类的含量高于麻浆卷烟纸,酚类是由木质素和纤维素在较高温度下裂解产生的,木质素本身亦是酚类聚合物。一般而言,酚类物质对卷烟烟气感官质量有负面作用,这也是亚麻浆卷烟纸在吸味方面优于木浆卷烟纸的原因。由于麻浆价格远高于木浆,因此目前仅有少量的高档卷烟纸中添加了麻浆。

目前对纸中纤维检测进行系统的研究较少,造纸厂一般通过染色法对纤维种类进行判断,即 GB/T 4688—2002 法,根据 Herzberg 染色剂、格夫 C 染色剂等在不同纤维上着色的差异性对纤维种类进行判断,不同种类纤维对 Herzberg 染色剂的显色结果如表 1-7 所示。目前针对纤维形态参数测定仪器主要有以下三种:① 利用纤维可以对偏振光产生双折射而显像的原理进行参数测定的荷兰 Kajaani 公司生产的 FS300 纤维分析仪;② 加拿大 Optest 公司生产的 Fiber Quality Analyzer（FAQ）,相比 Kajanni 公司产品,FAQ 采用了特别设计的超宽流动池代替毛细管,可有效避免纤维堵塞管道的现象发生;③ 中国制浆造纸工业研究院生产的 XWY 纤维测定仪,能快速测量纤维的长度,观察纤维的配比及打浆情况,价格比国外进口仪器更便宜。

表 1-7　Herzberg 染色剂颜色反应

浆种	颜色
化学浆（木浆、稻麦草浆、西班牙草浆）	蓝色、浅蓝、紫蓝
机械浆（木浆、稻麦草浆、黄麻等）	黄色
破布浆（棉、亚麻、大麻、贮麻等）	酒红色
半化学浆和化学机械浆	暗蓝色、暗黄色、混杂蓝色和黄色
再生纤维素纤维（黏胶纤维等）	暗浅蓝色、紫罗蓝色
醋酸纤维素纤维	黄色
合成纤维	无色到浅棕黄色

二、填　料

加入填料最主要的目的在于降低卷烟纸的生产成本,并改善卷烟纸的性能。造纸时如果不添加填料,那么纸张表面就会粗糙,均匀度低,这主要是由于纤维交织时会产生许多细小空隙,而填料可以将这些空隙填平,从而提高纸张的均匀度并改善纸的手感。纸张的不透明度由光线折射率决定,纸质疏松则折射面积大,光线发生多次折射，纸张不透明度高；而纸结构紧密时折射面积小，光线折射次数少，纸不透明度低。填料的折光率和白度比纤维的要高，能有效地提高纸张的不透明度和白度。填料的种类、形状、粒径也会对填料的散射系数产生重要的影响。另外，卷烟纸中添加填料可以调节卷烟纸的阴燃速率，使之与烟丝的阴燃速率一致，防止烟丝爆口或卷烟熄灭。

目前常用的卷烟纸填料主要是碳酸钙（$CaCO_3$），少量卷烟纸中还添加镁、锌的氧化物及碳酸盐。$CaCO_3$ 在卷烟纸中的加填量高达 30% ~ 40%。$CaCO_3$ 作为卷烟纸的填料对卷烟的影响有：① 增加卷烟纸的白度；② 提高纸张折光率，从而提高卷烟纸的不透明度，使烟丝不露底色；③ 调节卷烟纸的阴燃速率，使之与烟丝的阴燃速率一致，避免烟丝爆口或卷烟熄灭；④ 改善卷烟纸的包灰性能；⑤ 调节卷烟纸的透气度，在保证卷烟吸味的基础上降低烟气中焦油含量。碳酸钙粉体根据平均粒径（d）的大小，可分为微粒型（$d>5\ \mu m$）、微粉型（$1\ \mu m<d<5\ \mu m$）、微细型（$0.1\ \mu m<d\leqslant1\ \mu m$）、超细型（$0.02\ \mu m<d\leqslant0.1\ \mu m$）和超微细型（$d\leqslant0.02\ \mu m$）。根据生产方法的不同，可以分为重质碳酸钙、轻质碳酸钙、胶体碳酸钙和晶体碳酸钙。根据晶型的不同，还可以分为纺锤体、立体型、圆柱体、针状配合体等。不同粒径、晶型的碳酸钙作为填料对卷烟纸的透气度、燃烧效果、燃烧包灰和香烟吸味都具有不同的影响。研究表明，相比其他晶型的碳酸钙，纺锤体状碳酸钙作为填料更利于改善卷烟纸的性能（表 1-8）。究其原因，纺锤体状碳酸钙在纸中具有搭桥效应，形成自然的孔隙，相比其他晶型的碳酸钙更利于卷烟纸的透气度、白度及不透明度等。$CaCO_3$ 粒径选择对卷烟纸的性能也有着重要的作用，添加的 $CaCO_3$ 粒径大时在卷烟纸中形成的自然孔隙大，有利于提高卷烟纸的透气度，但不利于卷烟纸的均匀性，而且透气度的波动性也大；添加的 $CaCO_3$ 粒径小时对卷烟纸均匀性有利，但会堵塞卷烟纸的自然孔隙，不利于卷烟纸的抗张强度及透气度。焦观厚研究 $CaCO_3$ 粒径对卷烟纸的均匀度及透气度变异系数的影响，结果表明 $CaCO_3$ 平均粒径在 1.5 ~ 2.0 μm 且粒径分布窄时卷烟纸的均匀度最佳。李洪艳[1]对结晶形状、粒径范围及沉降速度对卷烟纸质量指标的影响进行了研究，结果表明，粒径在 4.0 ~ 4.2 μm 的纺锤体状液体 $CaCO_3$ 用作卷烟纸填料时，卷烟纸的透气度变异系数小，其他物理性能参数达到要求。卷烟纸中 $CaCO_3$ 的添加量大时，纸容易掉粉且对纸的物理性能有不利影响。

部分卷烟纸中的填料添加了 $Mg(OH)_2$ 及 MgO，一方面作为阻燃剂调节卷烟纸的阴燃速率，一方面降低卷烟纸的热解温度以减少焦油产生。侯轶等人尝试在卷烟纸中以 $Mg(OH)_2$ 代替部分的 $CaCO_3$，发现 $Mg(OH)_2$ 的添加可以降低卷烟纸的热解温度从而影响卷烟的燃烧状态，并且在满足卷烟纸强度及透气度要求的前提下，$Mg(OH)_2$ 的最大添加量可达到 10%。

表 1-8 碳酸钙的结晶形状对卷烟纸性能的影响

	结晶形状							
	纺锤体			针状配合体	立方体		柱状体	
粒径/μm	0.15	0.30	0.50	2.50	0.15	0.30	0.1×0.8	0.25×2
定量/$g \cdot m^{-2}$	26.0	25.6	26.7	27.5	26.4	26.5	26.2	25.7
w(灰分)/%	18.9	18.3	18.8	18.5	18.7	18.8	18.1	18.4
不透明度/%	85.5	85.3	82.5	82.1	84.3	85.2	85.7	87.5
白度/%	87.5	87.5	89.5	87.5	87.3	87.0	89.5	90.0
抗张强度 /$kN \cdot m^{-1}$	1.22	1.23	1.18	1.17	1.17	1.10	1.20	1.10
透气度 /$μm \cdot Pa^{-1} \cdot s^{-1}$	0.53	0.51	0.76	0.34	0.36	0.34	0.17	0.63

三、助 剂

卷烟纸直接参与卷烟的燃烧，将直接影响卷烟的燃烧性能。卷烟纸中的添加剂主要为燃烧调节剂、灰分调节剂及少量吸味调节剂。

1. 燃烧调节剂

燃烧调节剂是卷烟纸中重要的助剂，调节卷烟纸的燃烧性能，对卷烟的燃烧速率、主流烟气、静燃时的侧流烟气等均有影响。卷烟纸中燃烧调节剂的作用具体可表述为：

（1）调节卷烟纸的燃烧速率，与烟丝燃烧速率一致。只有卷烟纸与烟丝的燃烧速率一致，才能获得理想的燃烧效果。如果卷烟纸的燃烧速率大于烟丝的燃烧速率，则在烟支的燃烧处，烟丝会爆口不能成灰；如果卷烟纸的燃烧速率小于烟丝的燃烧速率，则烟头缩进卷烟纸内，烟头熄灭。一般来说，卷烟燃烧速率大可减少抽吸口数，从而降低有害物质的摄入，因此，卷烟应向提高燃烧速率的方向发展。碱金属盐如 KNO_3、$NaNO_3$ 在卷烟燃烧时可分解释放出氧气，使卷烟纸及烟丝纤维更好地氧化，从而加快卷烟的燃烧速率。

（2）降低卷烟纸的热解温度，减少焦油、苯系物等有害成分的产生。烟气焦油是在 200～600 ℃时烟丝及卷烟纸热裂解产生的，在卷烟纸中添加金属盐类助燃剂可降低有机物热裂解的初始温度，这样产生有害成分的热裂解由于温度降低就不能发生，从而减少有害物质的产生。

（3）减少主流烟气中的有害物质成分。"卷烟减害技术"提出了以 CO、HCN、4-甲基亚硝基吡啶基丁酮（NNK）、NH_3、苯并芘、苯酚、巴豆醛 7 种有害成分表征卷烟主流烟气的危害性，为烟草行业的降焦技术研究提供了参考依据。烟支的燃烧速率对抽吸口数有着直接的影响，燃烧调节剂提高卷烟燃烧速率以减少抽吸口数，每口烟气递送的焦油量变化不大，从而降低了每支卷烟焦油的摄入量。卷烟纸中添加柠檬酸盐作为有效的助燃剂，能显著地增加每口烟气量和降低每支卷烟的焦油量，减少 CO 的递送量；但随着柠檬酸盐用量的增加，每口烟气中的 CO 含量是先降后升的。Yamatomo[2]研究发现，苹果酸盐可降低卷烟纸的燃烧温度，从而减少焦油、尼古丁及 CO 的产生。金属离子吸附在纤维上，对纤维热解有催化作用，能促进纤维素分子的裂解。龚安达等[3]研究了卷烟纸中添加柠檬酸钾、钠、镁、锌对卷烟烟气的影响，结果表明，4 种盐能够提高卷烟纸的透气度，加快卷烟烟气的稀释与扩散，从而降低卷烟主流烟气中的焦油和 CO 含量。

（4）减少侧流烟气中的焦油含量。侧流烟气是指非卷烟前端流出的烟气，对被动吸烟者及环境的影响最大。卷烟纸乙酸盐能使烟灰烧结，大大减少侧流烟气中的有害成分含量。云南烟草科学研究院发明了一种双层卷烟纸，内层添加无机填料、助燃剂和香精，外层添加无机填料和助燃剂，无机填料选自氢氧化镁、碳酸钙、三羟基铝中的一种或它们的混合物。这种卷烟纸一方面能减少卷烟的侧流烟气及降低焦油，另一方面也能保持卷烟的香气。

研究表明，卷烟的自由燃烧速率随助燃剂添加量的增加呈现先增大后减小的规律。卷烟燃烧速率过快会引起燃烧锥内部缺氧，产生有害成分，因此助燃剂的成分必须在综合考虑各方面因素后才能确定。目前助燃剂用量一般为卷烟纸质量的0.5%～3%。研究表明，卷烟燃烧的温度高会使燃烧点邻近区域中的有机物质分解，使烟气中的焦油含量增加。

2. 灰分调节剂

灰分调节剂用于改善卷烟纸的包灰性能，减少对环境的污染，改善卷烟的燃烧外观。包灰性能可通过对卷烟燃烧后的灰分颜色及包灰的牢固性分析进行研究。影响卷烟纸包灰效果的因素有灰分含量、助剂种类及含量等因素。当其他的因素已经无法满足卷烟纸包灰性能要求时，具有包灰功能的助剂便成为了研究的方向。梅志恒等[4]研制出主要由高氯酸盐和碱式乳酸盐混合而成的卷烟纸助剂，可使卷烟纸燃烧后纸灰成片状定向弯曲，不易散落，对改善环境有着重要的作用。美国 Tanaka 发明了一种抑制烟灰分散的卷烟纸，此类卷烟纸在没有提高添加剂含量的前提下，可起到明显的抑制烟灰分散的作用。一般来说，灰分调节剂主要选择熔点高且有特殊结构的物质，能在燃烧过程中增加灰分间的黏结。

3. 吸味调节剂

吸味调节剂在卷烟纸起着保持或改善卷烟吸味的作用。为改进卷烟纸的外观，改善卷烟燃烧性能以减少卷烟对人体及环境的危害，卷烟纸中常添加不同的添加剂，但任何添加剂的应用需以不影响卷烟原有吸味为前提。目前专门针对卷烟纸吸味调节的助剂较少，一般是在某些添加剂的功能性较为突出但对卷烟吸味有负面作用时，复配能掩盖该添加剂负面吸味效果的助剂。于鲁渝等发明了新的添加剂，在保证卷烟原有吸味的前提下，可有效改善卷烟的燃烧性能。

几种助剂中最主要是燃烧调节剂，包括碱金属酒石酸盐、碱金属乙酸盐、碱金属磷酸盐、$Na_2B_4O_7$、碱金属硫酸盐、碱金属碳酸盐、碱金属苹果酸盐等，其中碱金属盐能产生白色灰分，并能增加静态燃烧速率；灰分调节剂（如磷酸二氢铵）只改变灰分外部特征而不改变静态燃烧速率。助燃剂除使烟支燃烧速率加快、焦油量相应减少外，还可以通过降低燃烧温度改变烟气的化学成分，因此，卷烟纸中助燃剂的含量测定及品质控制对于改善吸食品质具有重要作用。

第五节 卷烟纸的生产流程

▶▶▶▶▶▶▶▶

卷烟纸通常使用长网多缸纸机抄造，基本工艺流程见图 1-1。卷烟纸生产流程主要由打浆、抄纸和完成三大工序组成。平张卷烟纸在完成工序复卷后，需经甩切和理选，最后打包。

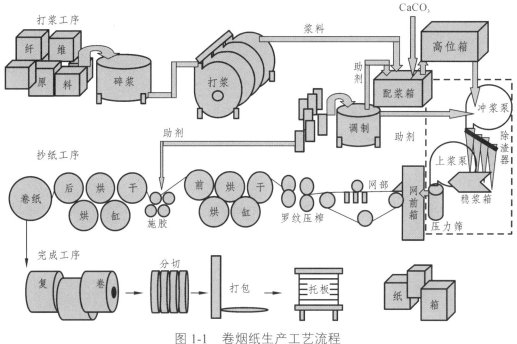

图 1-1 卷烟纸生产工艺流程

一、打浆工序

打浆过程是一个复杂的机械和物理过程，是对纤维进行润胀、压溃、帚化和切断的过程。通过打浆，纤维无论在形态和性质上都发生很大的变化，达到满足造纸机生产要求和卷烟纸预期质量指标的要求。

（一）碎 浆

碎浆是对浆料进行充分疏解，使纤维互相分散。碎浆质量的控制，主要依据浆料品质，控制好碎浆的疏解浓度和时间。卷烟纸生产使用的碎浆机大部分是间歇式。碎浆机主要由转子、槽体组成，使用时先加水将浆料充分湿润，然后转子在槽体内高速旋转，使纸浆在槽体内形成激烈的湍流循环。由于叶轮翼的撕扯及浆料内部不同速度液流层的湍动，产生强烈的摩擦、撕裂和搓揉作用，使纸料在水中疏解，纤维互相分散。

（二）打　浆

打浆是利用物理方法处理悬浮于水中的纸浆纤维，使其具有适应造纸机生产要求的特性。在打浆过程中打浆设备对纤维产生挤压、摩擦、剪切、冲击等机械作用。卷烟纸生产对长纤维采用的打浆方式是黏状打浆，使纤维高度分裂，达到分丝、帚化目的；对短纤维采用的打浆方式是适当切断和疏解方式。

1. 打浆设备

卷烟纸生产使用的打浆设备可分为间歇式和连续式两大类，间歇式的有打浆机，连续式则有锥形精浆机、圆柱精浆机、盘磨机等。它们能够处理各种不同性质的浆料，并通过打浆条件的改变，获得不同需求的浆料。

盘磨机是目前卷烟纸使用最为广泛的一种连续打浆机。除了用于打浆处理之外，还可以取代锥形磨浆机和圆柱磨浆机，作为纸机前的纸料精整设备。盘磨机打浆具有连续、均一、稳定地保证打浆质量、占地小、效率高、电耗低等特点，适用于各类纸品的生产，在卷烟纸生产中已被广泛使用。

2. 打浆要求

影响打浆的工艺参数很多，在卷烟纸生产过程中主要控制好打浆流量、打浆比压、刀间距、浆料浓度、盘磨齿形的特性、打浆温度等各相关工艺参数，以达到各种类型卷烟纸质量要求的浆度指标。

（三）配　浆

配浆是对不同的浆料按产品质量指标要求将其混合在一起的过程，目的是改善纸张的性质或满足纸机抄造性能的需要。

1. 配浆设备

配浆设备分为间歇和连续两种方法，常用设备有配浆箱（缸、池）、螺旋高速混合器、U 形高速混合器等。

2. 配浆要求

原料纤维（针叶浆、阔叶浆或麻浆、损纸纤维）根据品种的质量要求进行配置。

（四）短循环系统

卷烟纸纸浆经过打浆和调料处理后还不能直接用来抄造，原因有以下两方面：① 需要稀释成很稀的纤维悬浮液以保证良好的分散，经网部滤水后才能形成均匀的纸页；② 未经过滤的纸料中还有少量杂质，会影响纸张质量和纸机抄造。

1. 高位箱

高位箱使供浆流量保持稳定和按要求对供浆进行调节。纸的定量决定于供给纸料的数量，当纸机车速发生变化时，纸的定量也发生变化。高位箱按照纸机车速和纸定量要求调节供浆量，是纸机操作的一个重要任务。

2. 净化、筛选

纸机前纸料的净化设备主要是锥形除砂器，筛选设备主要是旋翼筛。前者通过重量密度比净化，后者通过形状体积比筛选。目前生产中使用的除砂器由铸铁、胶木、玻璃、陶瓷等材料制成，利用纸料中纤维和杂质的密度不同来分选杂质，除去其中相对密度大的砂粒、金属屑、渣滓等。卷烟纸生产均采用分段除渣，目的是提高良浆的净化质量。每段除砂器必须控制好进出口的压力。旋翼筛又称压力筛或立式离心筛，也有用内流式圆筛、外流式圆筛等。利用纤维和杂质集合形状不同来分选杂质，除去纸料中相对密度小而体积大的粗纤维、节子、纤维束等。生产过程中需注意进出口压力和筛网情况。

3. 稳浆箱

稳浆箱除了保证纸机上浆液位稳定外，另一个作用是排除浆内空气，保持纸机上浆稳定，减少抄造障碍。

（五）损纸和白水系统

损纸和白水系统的主要作用是减少浆料的消耗和重复利用生产水。损纸是纸机断纸或纸机收边时生成的，分湿损纸和干损纸，纸页没有完全干燥的损纸称为湿损纸，这些损纸一般都要立即用掉，它与干损纸一起与其他浆料进行配浆。纸机网部脱水回收的大量含有细小纤维和填料的浆水，称白水，纸机白水系统可以大幅度提高浆和水的利用率，减少污染，降低生产成本。

二、抄纸工序

目前卷烟纸生产使用最广泛的是长网造纸机，它生产效率高、产品质量好。国内现有的卷烟纸生产主要是长网多缸造纸机,纸机规格 1760～3860 mm,其中宽幅门的纸机多为国外制造,需要进口。长网造纸机是连续工作的联动机,由湿部和干部组成,湿部包括流浆箱、网案和压榨部;干部包括干燥部、表面施胶机和卷纸机。

（一）网　部

网部是造纸机的关键部件,主要组成为流浆箱和网案。流浆箱又叫网前箱、头箱,是浆料上网的流送装置;网案作用是使浆料脱水,成形为湿纸页,主要由成形网、胸辊、案辊(刮水板)、吸水箱、整饰辊、伏辊、驱网辊等部件组成。

（1）流浆箱:卷烟纸生产常用敞开式和封闭式两种流浆箱。其中,封闭式气垫式流浆箱和稀释水气垫式流浆箱随着纸机抄速和抄宽的提高,使用越来越广泛。

（2）网案:从浆料流送系统输送到网前箱的纸料浓度为 0.4%～1%,喷到网上的纸料在网案上形成湿纸页,经脱水板脱水和真空脱水,把纸页干度提高到 18%左右。由于卷烟纸定量低,匀度要求高,对进入网前箱的浆浓度和浆度需严格控制。

（二）压榨部

从网部出来的湿纸页需要在压榨部利用机械压榨作用进一步脱水,在提高干度的同时,增加纸的紧度和强度,改善纸页的表面性质。通常从压榨部出来的纸页干度为 35%～40%。卷烟纸生产常用的压榨形式有双辊平压榨、三辊两压区紧凑复合压榨、罗纹压榨。平压榨或者复合压榨只是提高干度、增加纸的紧度和强度等,罗纹压榨用于压制卷烟纸罗纹。

目前大多数卷烟纸罗纹是由压榨部压制而成,称为湿压罗纹;个别是由干燥部压制,称半干压罗纹;由网上的水印辊压制,称为水印纹。湿压罗纹在现代化卷烟纸生产纸机上使用最为广泛,其特点是从任何角度看罗纹均很清晰。

罗纹控制与生产过程中罗纹压榨压力、水分、原料和填料等有关。

（三）干燥部

卷烟纸长网造纸机的干燥部由多个烘缸组成,烘缸数目一般在 14～20 个。因为中间需表面施胶,干燥部又被分为前干燥部和后干燥部。干燥部是造纸机中最长的部分,主要起连续通过蒸汽加热蒸发水分的作用,同时也起到提高纸页强度、增加纸页平整性和完成施胶的辅助作用。

在干燥部,卷烟纸在前干燥部出来的纸页干度通常在 3%～5%,较高纸页的干度有利于进入施胶充分吸收燃烧助剂,保证助燃剂添加的稳定性;然后通过后干燥部干燥,使成纸干度达到 4%～5%,这样才能使纸面平整。控制好干燥部烘缸温度

曲线，是保证成纸透气度稳定、水分均匀、纸页平整的重要环节。

（四）表面施胶

表面施胶位于前干燥部和后干燥部之间，卷烟纸表面施胶的形式有浸渍施胶、单面薄膜施胶、双面薄膜施胶等。卷烟纸表面施胶与其他纸不同，区别在于其他纸张表面施胶通常是为了阻止液体渗透、提高纸页表面性能以及满足某些物理性能；而卷烟纸使用表面施胶是为添加燃烧助剂、改善卷烟纸燃烧性能。早期卷烟纸燃烧助剂是添加在压榨区，由于压榨区纸页水分高，燃烧助剂添加量大，卷烟纸燃烧不均匀。现代卷烟纸生产采用表面施胶技术，不仅可提高卷烟纸燃烧剂添加的精确性和均匀性，还可改善卷烟包灰和吸味。

（五）卷　纸

卷纸是造纸机的最后部分，按照卷曲原理分为轴式卷纸机和圆筒式卷纸机。轴式卷纸机适用于 150 m/min 以下车速的卷烟纸纸机，分上下两个卷纸轴完成卷纸。圆筒式卷纸机是目前普遍采用的一种卷纸设备，卷纸轴靠卷纸缸的摩擦力带动完成卷纸。

（六）造纸用特种器材

1. 网部用网

成形网是造纸机使浆料形成纸页的重要器材之一。成形网的主要作用是控制脱水速率和改进纸料截留能力，同时又提供预定生产率所必需的机械稳定性。因此，在选用成形网时，必须考虑其材质、厚度、支数、目数、透气度、层数、经线、开孔面积率和编织方法等。

2. 压榨部用湿毯

在造纸过程中压榨部需用毛毯运送湿纸页和滤水，同时还兼有垫托纸页和平整纸面作用，此毛毯称为湿毯。湿毯的定量、厚度、材料、透气度、编织方法直接影响毛毯的吸水性、滤水性、弹性及其运行中的张力等使用性能。卷烟纸浆料叩解度和灰分含量高，进入压榨部的纸页水分较高，且要求纸页疏松、透气度变异系数小，因此对压榨用湿毯要求非常严格。目前生产高档卷烟纸的企业所用的压榨毛毯绝大多数由国外公司提供。在湿毯使用过程中需注意清洁和控制好张力。

3. 干燥部用干毯

在干燥部也需用毛毯运送纸页、转移水分，目的与湿毯基本相同，但与毛毯所在的位置、脱水机理不同，所起的作用也不尽相同，在干毯的使用过程中需防止起皱和控制好收缩。在干燥部用的毛毯称为干毯，用的网子称为干网。干毯或干网的定量、材料、编织方法和质量要求均与湿毯有很大区别。

（七）自动控制

这是现代卷烟纸生产中必不可少的自动控制检测手段。目前，国内卷烟纸生产企业大量引进了国际一流的操作控制系统 DCS 和质量控制系统 QCS。DCS 主要对浆流量、浓度、真空系统、蒸汽压力、特种器材跑偏、张力进行控制和调节；QCS 主要对卷烟纸生产过程中的重要质量指标，如定量、水分、灰分和透气度等各项指标进行自动反馈、调节和控制。

三、完成工序

卷烟纸的完成工序包括复卷、分切、打包、贮存等，如果是平张卷烟纸，还需要甩切、选纸、数纸。所用到的设备有复卷机、分切机、打包机、卡刀机等。

1. 复　卷

在低速卷烟纸纸机上，是不需要复卷机的，现代化的高速卷烟纸生产线都配有新型复卷机。复卷机可分为下引纸式和上引纸式，工作车速为 1000 ~ 2000 m/min。其目的是将纸机下来的大卷筒经复卷后切成能够适应上分切机的卷筒和剔除横向纸病。在复卷中必须注意：复卷规格在规定范围内，纸芯与纸页及刀缝应对准，控制好刹车松紧度、纸幅运行中的张力和卷筒的松紧、端面的光洁度等。

2. 分　切

复卷后的卷烟纸卷筒，需要经过分切机切成一定宽度的卷烟盘纸。目前，卷烟纸分切机的工作车速为 500 ~ 1200 m/min。要确保卷烟盘纸两面光洁、平整，除了对分切机张力、速度等进行控制之外，最重要的是对分切上刀和底刀的安装及刀质量的控制。因此要求：

（1）换刀具时，避免刀具碰伤。

（2）调节刀距及侧向压力。

（3）盘芯与刀距的规格必须对准。

（4）控制刹车松紧度和车速，控制好纸幅运行中的张力。

（5）控制好盘纸的松紧和盘面的光洁度，必要时需更换刀具。

第六节　卷烟纸产品的常规技术指标及检测方法

▶▶▶▶▶▶▶▶▶▶

一、卷烟纸技术指标

2008 年 1 月 1 日实施的 GB/T 12655—2007《卷烟纸》对卷烟纸的技术要求和检测方法规定见表 1-9。

表 1-9　卷烟纸常规技术要求和检测方法

指标名称		单位	规定			试验方法
			A	B	C	
定量		g/m²	设计值±1.0			GB/T 451.2—2002《纸和纸板定量的测定》
透气度	≤45	CU	设计值±5	设计值±6	设计值±7	YC/T 172《卷烟纸、成形纸、接装纸及具有定向透气带的材料透气度的测定》
	>45		设计值±6			
透气度变异系数		%	≤8	≤10	≤12	
纵向抗张能量吸收		J/m²	≤25.00			GB/T 12914—2018《纸和纸板抗张强度的测定　恒速拉伸法（20 mm/min）》
白度		%	≥87			GB/T 7974—2013《纸、纸板和纸浆亮度（白度）的测定　漫射/垂直法》
荧光白度		%	≤0.6			
不透明度		%	≥73			GB/T 1543—2005《纸和纸板不透明度（纸背衬）的测定（漫反射法）》
灰分		%	≥13			GB/T 742—2018《造纸原料、纸浆、纸和纸板　灼烧残余物（灰分）的测定（575 ℃和 900 ℃）》
交货水分		%	4.5±1.5			GB/T 462—2008《纸、纸板和纸浆分析试样水分的测定》
阴燃速率		s/(150 mm)	设计值±15			YC/T 197《卷烟纸阴燃速率的测定》

续表

指标名称		单位	规定			试验方法
			A	B	C	
宽度		mm	设计值±0.25			GB/T 12655《卷烟纸》
尘埃度	0.3～1.5 mm²	个/m²	≤12	≤16	≤24	GB/T 1541《纸和纸板尘埃度的测定法》
	1.0～1.5 mm²的黑色尘埃		0	≤4	≤4	
	>1.5 mm²		0	0	0	
注：宽度用精确度为 0.02 mm 的游标卡尺进行检查，精确到 0.01 mm。						

二、卷烟纸产品交收检验

卷烟纸交收检验的项目为透气度、透气度变异系数、纵向抗张能量吸收、白度、定量、宽度、阴燃速率、外观等内容。若供需双方有特殊要求，可按协议进行检验。

（1）以一次交货的同一规格、同一品名的产品为一个检查批，但应不多于 30 t。

（2）交收检验按 GB/T 2828.1—2012《计数抽样检验程序 第 1 部分：按接收质量限（AQL）检索的逐批检验抽样计划》的二次正常抽样方案，特殊检查水平 S-3 进行，样本单位为盘。

（3）抽取样本时，应从批量中等间隔随机抽取所要求的样品量，使样本具有代表性。

（4）交收检验的抽样方案、合格质量水平 AQL（按不合格品计）及批质量判定按表 1-10 的规定进行。

三、卷烟纸的取样规范

按 GB/T 450—2008《纸和纸板试样的采取及试样纵横向、正反面的测定》的要求进行。

（1）样品应保持平整，不皱不折，应避免日光直射，防止湿度波动以及其他有害影响。手应小心触摸样品，应尽量避免样品的化学、物理、光学、表面及其他特性受到影响。

（2）每张样品应清楚做出标记，并准确标明样品的纵、横向和正、反面。

（3）在取样或试验时，如果出现意外，应重新取样，新样品需按上述方法重新采取。除非另有说明，样品可在同一包装单位中采取。

（4）水分样品应立即密封包装。

表 1-10　卷烟纸逐批检查抽样表

批量/盘	正常二次抽样检查水平 S-3						不合格的分类	
	样本大小	B 类不合格品 AQL=4.0		C 类不合格品 AQL=10.0			B 类不合格	C 类不合格
		Ac	Re	Ac	Re			
2～15	2	0	1	0	1		纵向抗张能量吸收、透气度、透气度变异系数、荧光白度、不透明度、阴燃速率、宽度、异味、熄火及严重影响使用的外观缺陷	定量、长度、白度、灰分、交货水分、尘埃度、包灰效果及其他外观缺陷
16～50	2	0	1	0	2			
	4			1	2			
51～150	3	0	1	0	2			
	6			1	2			
151～500	5	0	2	0	3			
	10	1	2	3	4			
501～3200	8	0	2	1	3			
	16	1	2	4	5			
3201～35 000	13	0	3	2	5			
	26	3	4	6	7			

卷烟纸物性参数的检测方法

第一节 卷烟纸检测的准备

一、卷烟纸的采样

（一）试样的采取方法

在检测纸和纸板的物理性能之前，必须合理采样。对整批样品来说，所采取的试样必须具有代表性，所以采样的方法必须是随机的，样品与整批产品相比不得有明显的外观差异。测试前的样品，还必须妥善保护，保持平整，不皱、不折，同时要避免日光直射，并防止湿度波动及外界因素影响而使样品性质改变。

（二）整张样品的选取

样品的采取量应该在最大程度代表整批产品的前提下尽量少取，而且必须根据产品的性质及生产、保管、运输等条件合理确定。目前国家标准 GB/T 450—2008 规定从包装单位中取整张样品：平板纸 1000 张以下产品最少取 10 张；1001～5000 张产品取样至少 15 张；5000 张以上产品取 20 张以上。卷盘纸取样时，应先从筒外部去掉全部受损伤的纸层，用刀沿卷筒全幅切下去，其深度要满足取样所需张数，并与纸卷分离，然后按全宽取 5～10 m 的纸条做测试纸样。如果所采的试样为生产控制性取样，可根据各厂的具体情况每间隔一定时间或按纸辊取样。

（三）试样的选择和切取

平板纸和纸板要从每整张样品上各切取一个样品，取样的部位要各不相同；卷筒纸或纸板从每张样品上切取一个试样，样品为卷筒的全幅，宽为 400 mm。切取试样时，要注意所切样品边缘应整齐、光滑，不能有毛刺；还应该保证样品的尺寸精度及样品两个平行边的平行度；有纵、横向和正、反面的样品要做好标记，切样时应保证试样纵横向相互垂直，最大偏斜度应小于 2°，否则会对测试结果产生较大的影响。样品需要保持平整，不皱不折，避免阳光直射，防止湿度波动以及其他有害影响。手摸样品时，尽量避免影响样品的化学、物理、光学、纸表面及其他特性。每件样品应清楚地做上标记，准确地标明样品的纵、横向和反、正面。

二、试样的处理

纸和纸板是由纤维和其他少量辅料抄造而成。纤维之间的空隙及纤维自身的毛细管作用，尤其是植物纤维所具有的亲水性使得纸和纸板的含水量随周围环境的温度、湿度变化而变化。含水量的变化对纸和纸板的许多物理性能都有影响。所以只有在含水量一致的情况下，测试纸或纸板的物理性能指标才有可比性。

（一）试样处理的条件

为了与国际接轨，目前我国标准 GB/T 10739—2002 规定：试验纸浆、纸和纸板用的标准大气条件应是相对湿度(50±2) %、温度(23±1) ℃。原标准大气条件相对湿度(65±2) %、温度(20±1) ℃ 的规定到 1993 年底已经取消。

（二）试样处理的设备及仪器

1. 控制大气条件及其稳定程度的设备

常用的空调有以下两种形式。

（1）集中式空调系统：它是将处理空气的所有设备（冷源、热源、喷雾）集中管理。

（2）柜式空调系统：它是将所有空调的设备集中安装于一个机壳内。

2. 温湿度测试的仪器

温湿度测试仪常用的有两种形式。

（1）阿斯曼通风式干湿球温度计：共有两个温度计并装在一个架上，架的上方装有一个微型鼓风机，其风速为(4±1) m/s。在两个温度计其中一个的水银球外包几层清洁的吸水纱布，该纱布要注意保持清洁，必要时定期更换，并要注水使其保持饱和水分。

（2）感应式温湿度计：它通过表头感应出周围环境的温度和湿度，通过微处理机来算出相对湿度。

（三）试样处理的步骤

1. 试样的预处理

为避免纸张试样水分平衡滞后引起测试误差，要在温湿处理前，进行试样的预处理，即将试样放在温度低于 40 ℃、相对湿度不大于 35%环境中[例如，硫酸相对密度（20 ℃）大于 1.3951 的硫酸干燥器中]，预处理 24 h。如果试样水分含量低，则可以省去预处理。

2. 试样的温湿处理

将切好的试样挂起来，以使恒温恒湿的气流能自由接触到试样的各面，直到水分平衡。一般纸要在此环境中处理 4 h，薄纸板至少要处理 5~8 h，高定量或其他纸种要 48 h 或更长时间。

第二节　卷烟纸的定量

定量，是指纸或纸板每平方米的质量，单位 g/m²。它是反映卷烟纸特有物理性能的最基本的质量指标。定量的大小与卷烟纸的抗张强度、耐破度、不透明度等有密切的联系。为了节省纤维原料，目前国内外的发展趋势是生产低定量的卷烟纸。所以，无论是生产还是销售环节及用户，都要求控制和测定卷烟纸的定量。

卷烟纸定量的测定按国家标准 GB/T 451.2—2002 进行。

一、测定仪器

1. 切样仪器

实验用切纸刀或专用裁样器，裁出试样的面积与规定的面积相比，要求每 100 次中至少有 95 次的偏差范围在±1%内。专用裁样器应经常校核。如果裁样器的精度未达到规定，应分别测定每一个试样的面积计算定量。

2. 称重仪器

试样重 5 g 以下的用精度 0.001 g 天平，5 g 以上的用精度 0.01 g 天平，50 g 以上的用精度 0.1 g 天平或者象限秤。称重时，应防止气流对称重装置的影响。

3. 仪器校核

（1）切样设备的校核：裁切面积应经常校核，切 20 个试样，并计算它们的面积，其精度应达到上述要求。当各个面积的标准偏差小于平均面积的 0.5%，这个平均面积可用于以后试验的定量计算上，如果标准偏差超过这个范围，每个试样的面积应单个测定。

（2）天平的校核：测量天平应经常用精确的标准砝码进行校核，列出校正表。经计量局校核的可以在有效检定周期内使用。

二、测定步骤

将经过在标准温湿度条件下处理的试样，沿纵向折叠成 1、5 或 10 层，然后沿横向均匀切取 0.01 m²（即 100 mm×100 mm）的试样至少 4 叠，精确度为 0.1 mm。分别称取每叠试样的质量。如果试样为宽度在 100 mm 以下的盘纸，应按卷盘全宽切取 5 条长 300 mm 的纸条，一并称量，并测量所称纸条的长边和短边（准确至长边 0.5 mm、短边 0.1 mm），然后计算面积。可采用精度 0.02 mm 的游标卡尺测量。

三、数据处理及结果计算

试样定量按下式计算：

$$g = \frac{m}{A} = \frac{m}{a \times n}$$

式中　g——定量，g/m^2；

　　　m——试样叠的质量，g；

　　　A——试样叠的面积，m^2；

　　　a——每一张试样的面积，m^2；

　　　n——每一叠试样的层数。

计算结果取三位有效数字。

第三节　卷烟纸的白度

▶▶▶▶▶▶▶▶▶

在衡量及测定纸浆、纸的白色程度时，往往使用白度和亮度这两个术语，但白度（Whiteness）和亮度（Brightness）是两个不同的概念。白度是指在可见光范围内（400～700 nm）纸浆等产品显白的反应，通常是采取目测对比来测定；而亮度是在单一波长（457 nm）下纸浆等产品显白的反应，即特定条件下的白度值，它与目测所得的白度值是不一样的。在我国纸业中，白度与亮度两个术语已被长期混用，而且往往白度一词代替了亮度，严格来说，应予区别。目前使用的白度计大多数是在 457 nm 波长的蓝光下测定纸浆的白度值。由于不同生产厂家，不同型号的白度计在仪器结构上不尽相同，测得同一试样的白度值会有所差异，因此测定纸浆等试样的白度值时，必须注明仪器型号，并应说明测定所用的标准方法。国际标准化组织（ISO）规定以 Elrepho 白度计为国际标准仪，凡符合 ISO 标准规定测定的纸浆白度，称为"ISO 白度"。

卷烟纸生产时可通过减少原料中带有颜色的木质素及半纤维素或添加增白剂使纸张白度增加，目前纸中常用的填料 $CaCO_3$ 起到调节白度的作用。

卷烟纸白度的测定采用国标 GB/T 1543—2005《纸和纸板不透明度（纸背衬）的测定（漫反射法）》的规定进行。

一、测定仪器

以国产 SBD-1 型数字白度仪为例（图 2-1）。

该仪器以低功率的钨卤素灯作为光源，利用光电效应原理，采用双光路和模数转换电路，测量试样表面漫反射的辐亮度与相同光照条件下完全漫反射体的辐亮度之比，来达到测量试片的白度、不透明度以及色度的目的。

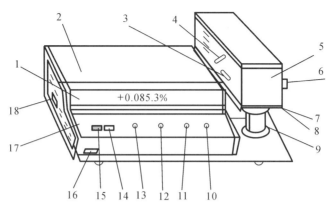

1—读数的显示屏；2—后溢板；3—反射光道孔；4—入射光道孔；5—测量头装置；6—功能手轮；
7—试样座；8—测量口；9—滑筒；10—"灯色温"调节孔；11—"补偿"调节孔；12—"校准"旋钮；
13—"调零"旋钮；14—"测量"按键；15—"灯电源"按键；
16—标牌；17—面板；18—BCD码输出插座。

图 2-1　国产 SBD-1 型数字白度仪

二、测定步骤

（1）将仪器电源打开，仪器读数显屏发亮，预热 30 min。

（2）调节功能手轮 6 置 "R_{457}" 挡，此时读数显示屏上显示出 "%"。常测白度的仪器，功能手轮位置调好后不要随便变动。

（3）将滤光片插件按要求分别插入仪器的入射光道孔和反射光道孔。测定不含荧光增白剂试样的 R_{457} 白度时，将 I#滤光片（浅黄）插入入射光道孔 4，4#滤光片（空白）插入反射光道孔 3；测定含荧光增白剂试样的 R_{457} 白度时则反之。

（4）用已标定好的 6#参比白板和黑筒校正仪器。按下仪器面板上的"测量"按键 14，再按下仪器的试样座滑筒 9，将参比白板放在试样座 7 上，轻轻地将滑筒上升至测量口 8，调整面板上的"校准"旋钮 12，使仪器显示值与参比白板标定的 R_{457} 白度值一致。

（5）按下仪器的滑筒 9，取下参比白板，换上黑筒，把滑筒上升至测量口，调整面板上的"调零"旋钮 13，使仪器显示值为 "+" 或 "−" 000.0%。

（6）依次重复步骤（4）（5），直至不需调整"校准"与"调零"旋钮，仪器即能显示相应的参比白板标定值，如(+085.20) %、(±000.0) %，此时仪器校正完毕，可开始试样的测定。

（7）按下滑筒，放上已制备好的浆片试样。试样应几张叠放在一起（重叠至不透光为止），有标记的面向上。注意不要用手抚摸测量表面。将滑筒轻轻升至测量口，此时仪器数字显示屏上的数字即为该张试样测试点的白度。在一张试样上一般测量 4~6 个不同的测试点，然后将最上面一张试样移至底部，测量第二张试样，重复操作至试样测量完毕。试验结果以四张试样测试值的算术平均值表示，结果取至小数点后一位。

三、注意事项

（1）参比白板、黑筒为仪器的校正标准，应保持其表面清洁，不要用手触摸其表面。6#参比白板的 R_{457} 等标定值是由 1#工作标准白板相应的标称值传递，应经常校对。

（2）当连续测定若干试样之后，应用参比白板重新校正仪器，以保证测试结果的准确性。但仪器校好后的测试过程中，不允许动"校准"旋钮和"调零"旋钮。

第四节　卷烟纸的不透明度

纸张的透明度和不透明度是指光束照射在纸面上透射的程度。不透明度是指带黑色衬垫时，对绿光的反射因数 R_0 与厚度达到完全不透明的多层纸样的相应反射因数 R_∞ 之比。影响卷烟纸不透明度的因素很多，主要是纤维与填料。纤维素是一种具有单斜晶系结构的物质，能透过各种色光，当纸张的紧度低时纤维之间存在着孔隙，内部的空气对光线产生漫反射而使不透明度增加；当纸张紧度大时纤维间的光学接触面积增加，分散光线降低，从而导致纸张的不透明度降低。一般认为，麻类纤维含量高、细长、强度高且弹性好，因此用麻类造的纸柔软细腻，不透明度高；阔叶木浆纤维细小且比表面积大，因此反光折光效果好，抄得的纸不透明度高。填料在纸中对纸张的不透明度有着极大的贡献，不同折射率、粒径的填料对纸张不透明度的影响不一。

卷烟纸不透明度的测定采用国标 GB/T 1543—2005《纸和纸板不透明度（纸背衬）的测定（漫反射法）》的规定进行。

一、测定仪器

① 反射光度计或白度计；② 工作标准白板；③ 标准黑筒：反射因数不大于 0.5%。

二、仪器校对

（1）将仪器接通电源，预热至仪器光电池稳定。调节仪器内滤光片在 Y 值滤光片位置，使仪器有效波长在 550 nm。

（2）用黑筒调好零点，用工作标准白板和黑筒校对仪器。

三、测试步骤

（1）切取 100mm×100mm 试样 10 张左右，使正面向上叠成一叠，其总厚度应达到反射因数不再随试样层数增加而增加的程度。并在试样叠的上下各加一层起保护作用的试样。

（2）取下试样叠上的保护层，将正方形纸叠的对角线方向与仪器前后方向平行，测量其最上面一层试样的内反射因数 R_∞，读数精确到 0.1%；取下被测试过的试样，放在纸叠底部，重复上面操作至少 5 次。翻转纸叠，测定试样反面的内反射因数 R_∞。

（3）将上述纸叠各单层试样背衬标准黑筒（对角线方向与仪器前后方向平行），分别测定其正反面的反射因数 R_0。

四、数据处理及结果计算

计算试样正面和反面的 R_∞、R_0 的平均值，并按下式分别计算试样正面和反面的不透明度：

$$不透明度 = \frac{R_0}{R_\infty} \times 100\%$$

式中　R_∞——试样正或反面各自的内反射因数平均值，%；

　　　R_0——试样正或反面各自的反射因数平均值，%。

如果正面和反面的透明度之差小于 0.5%，可报告正反面的平均值；如果正面和反面的透明度之差大于 0.5%，则需分别报告正反面的不透明度。

计算结果精确至 0.5%。

透气度指在 1.00 kPa 的测量压力下，通过 1 cm² 的被测样品表面的空气流量
（cm³/min）。透气度的单位是 cm³/(min·cm²)（CU）。

卷烟纸透气度反映了纸张结构中空隙大小，它主要用于表征空气透过卷烟纸的
能力。由于卷烟纸直接参与卷烟的燃烧过程，其透气度对卷烟的燃烧特性有着重要
的影响。卷烟燃烧过程中卷烟气流如图 2-2 所示。在燃烧过程中，卷烟燃烧锥前部
的中心温度最高达 900 ℃，燃烧过程有 O_2 参与反应，主要生成 CO_2、CO、H_2O 及
其他各种烃类化合物，还伴有一些自由基的生成。在抽吸过程中，燃烧产生的气体
除了少量直接散发到空气中外，一部分透过卷烟纸散发出去，另一部分汇入卷烟主
流烟气进入人的呼吸道。在一定范围内，提高卷烟纸的透气度可降低抽吸时气流速
度，增加烟气与烟丝等的接触概率，从而提高过滤效率，降低主流烟气中焦油及烟
碱等有害物的含量。

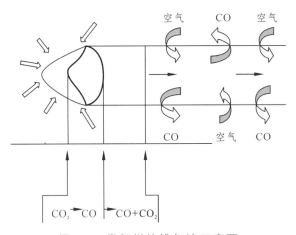

图 2-2　卷烟燃烧锥气流示意图

卷烟纸透气度的测定按 GB/T 23227—2018《卷烟纸、成形纸、接装纸、具有
间断或连续透气区的材料以及具有不同透气带的材料　透气度的测定》（具体内容
如下）的规定进行。

1　范　围

本标准规定了一种测定透气度的方法。

本标准适用于在 1 kPa 压差条件下透气度测量值超过 10 cm³/(min·cm²)

的卷烟纸、成形纸、接装纸及具有间断或连续透气区的材料。此外，本方法也适用于透气带宽度大于 4 mm 的带状卷烟纸。

注：对于透气度估计值在本标准范围之外的材料，参见 5.1.3 的注 2 和 7.6.1 的注 2。

2 规范性引用文件

下列文件对于本文件的应用是必不可少的。凡是注日期的引用文件，仅注日期的版本适用于本文件。凡是不注日期的引用文件，其最新版本（包括所有的修改单）适用于本文件。

GB/T 10739 纸、纸板和纸浆 试样处理和试验的标准大气条件(GB/T 10739—2002，eqv ISO 187:1990)

GB/T 16447 烟草及烟草制品 调节和测试的大气环境（GB/T 16447—2004，ISO 3402:1999，IDT）

3 术语和定义

下列术语和定义适用于本文件。

3.1 透气度 air permeability

在 1.00 kPa 测量压差条件下，每分钟通过表面积为 1 cm^2 的被测样品的空气体积量（cm^3）。

注：透气度的单位为 1 kPa 压差条件下立方厘米每分平方厘米 cm^3/(min·cm^2)。

3.2 测量压差 measuring pressure

在测量过程中，被测样品两个表面之间的压力差。

3.3 泄漏 leakage

通过样品夹持器和其他的密封面由大气中吸入或逸出到大气的空气流量。

3.4 透气度均匀分布的纸张 paper with uniformly distributed permeability

仅具有自然透气度的纸张。

注：又称为标准纸（standard paper）。

3.5 具有连续透气区的纸张 paper with oriented permeable zone

通过在连续区域打孔获得更高透气度的纸张。

3.6 具有间断透气区的纸张 paper with discrete permeable zone

通过在不连续的区域打孔获得更高透气度的纸张。

3.7 带状纸 banded paper

具有一些不同透气带的纸张。

注：这种纸张通常具有透气度明显低于原纸的带状区域。

3.8 特种纸 special paper

透气度经过改变的纸张。

注：这种纸包括 3.5、3.6 和 3.7 中定义的类型。

4 原 理

将测试样品放置在合适的测量位置，对样品施加一个压差，测量通过测试样品的气体体积流量。

测量原理如图 1 所示。

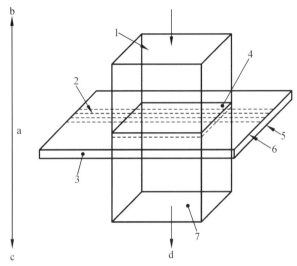

说明：1—空气流；2—打孔区（如果有）；3—测试样品；4—面积为 2 cm² 的测试面；5—内表面；6—外表面；7—气流；a—压差；b—高压；c—低压；d—气流方向。

图 1 测量原理图

通过被测样品的气流可通过在测试样品一侧施加一正压或负压而产生。当测试样品为成品时，通过样品的气流方向应为确定的。例如，由外表面向内表面。

若气流通过施加正压来产生，则所用测试仪器应装过滤器，以免测试样品被油、水及灰尘污染。

注 1：对于某些材料而言，通过测试样的体积流量与被施加的压差可能是非线性关系。因此，需要在两个不同压差条件下测量通过测试样品的体积流量以确定纸张的流量与压差关系是线性或非线性。如果为非线性，在 0.25 kPa 压差条件下的流量测量有助于更全面地表征该材料的特性。

注2：测量气体体积流量时，气体是由测试样品外表面流入还是内表面流入会导致体积流量值理论上存在 1% 的差异。

5 仪器

5.1 样品夹持器

5.1.1 夹持被测样品的样品夹持器不应泄漏。

5.1.2 对于具有均匀分布透气度和具有连续或间断透气区的纸张：样品夹持器的测量区域为矩形，面积为 2.00 cm^2±0.02 cm^2，内倒角半径不大于 0.1 cm，其长边 L 的长度应满足 2.000 cm±0.005 cm（见图2）。

5.1.3 对于具有不同透气带的纸张：样品夹持器的测量区域为矩形，面积为 0.30 cm^2±0.01 cm^2，其短边的长度应满足 2.00 mm±0.05 mm[见 7.5.6 和图 3（d）]。

注1：对于不同类型的纸张，样品夹持器在被测样品上的夹持位置是不同的（见 7.5 和图2、图3）。

注2：当需要对超出本标准规定范围的特种纸的透气度进行测定时，可使用具有不同测试面积的特殊样品夹持器。

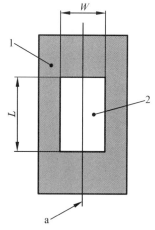

说明：1—被测样品；2—样品夹持器的测量区域；a—被测试样品中心线；W—测量区域的宽；L—测量区域的长。

图2 具有均匀分布透气度的样品位置

5.2 气动控制器

用于在样品夹持器两端施加一个稳定并可调的压差，以产生固定方向的气流。

5.3 压力计

用于测量压差，精确至 0.001 kPa，量程内测量值的相对误差不超过 2%。

5.4 流量计

用于测量气体流量，量程内测量值的相对误差不超过 5%。

5.5 调节环境

应符合 GB/T 10739—2002 规定的条件（见 7.3）。

6 取 样

按统计学原理抽取可以代表总体特性的样品。

样品应无影响其测量性能的可见缺陷和折皱。

7 程 序

7.1 总 则

由于很多纸张的流量与压差关系是非线性的，因此应严格遵循测量程序，以确保测量结果具有可比性。如测量程序有任何的改变（例如使用非标准尺寸的样品夹持器，或者因测试样品尺寸而改变样品夹持器的夹持位置），都应该在测试报告中予以注明（见 7.5 和第 10 章）。

7.2 样品夹持器的检漏

仪器使用前按照附录 A 规定的程序进行检漏。

样品夹持器结合面之间的气体泄漏不应大于 2.0 cm^3/min。

注： 当用户需要确定某些特殊纸张表面泄漏对流量测量的影响时，可以采用合适的被测样品按附录 C 给出的程序确定泄漏量，并在测试报告中予以说明。

7.3 样品的准备

根据第 6 章要求随机选取样品，样品数量为测试所需样品加上三个用于确定样品流量与压差关系的样品。如果需要可制备适于测试的样品（按所需尺寸剪切，并排除折痕、接头等缺陷）。测试前，按 GB/T 10739—2002 要求将环境温度调节为 23 ℃±1 ℃，相对湿度调节为 50%±2%。样品放置时应确保其所有表面与环境空气能充分接触。

注： 完整的盘纸样品，可能无法将其所有表面暴露于调节大气中，因而需要一段较长的调节时间，所需时间取决于实际情况和经验。被测样品调节时间的长短在本标准中未具体给出，但应在测试报告中注明。

7.4 校准

按附录 B 中的步骤用标准流量盘校准测试仪器。

7.5 被测样品的放置

7.5.1 总则

成品纸张测试时，所有纸张应放置在样品夹持器中，样品放置时应使测量气流能从被测样品的外表面流向被测样品的内表面。

被测样品在样品夹持器上的位置如图 2、图 3 所示。

7.5.2 均匀分布透气区的材料

放置样品时，尽可能将样品夹持器测量区域宽边（W）的中心对准样品的中心线（见图 2）。

7.5.3 具有狭窄的连续透气区的材料

透气区应与样品夹持器测量区域 2 cm 的长边平行[见图 3（a）]。

透气区边缘与测量区域边缘的距离不应小于 1 mm。理论上，被测样品至少应比样品夹持器测量区域的每边宽 3 mm。如因技术原因不能满足（如测试试样的总宽度小于 16 mm 或透气区距离样品边缘小于 4 mm），应在测试报告中注明。

7.5.4 具有加宽的连续透气区的材料

样品夹持器的放置应尽可能覆盖透气区的最大宽度，同时应使透气区尽可能充满测量区域[见图 3（b）]。

理论上，样品夹持器测量区域的长边 L 应比透气区边缘至少宽 1 mm，同时样品应该超出样品夹持器测量区域各边缘至少 3 mm。如不能满足（例如由于样品尺寸原因），应在测试报告中注明。

7.5.5 具有间断透气区的材料

测试样品的放置应使尽量多的透气区处于样品夹持器测量区域内[见图 3（c）]。理论上，样品夹持器测量区域的 2 cm 长边应比透气区的边缘至少宽 1 mm，同时样品应该超出样品夹持器测量区域各边缘至少 3 mm。如不能满足（例如由于样品尺寸原因），应在测试报告中注明。

7.5.6 具有不同透气带的材料

测量具有不同透气带材料的透气度时，应使用一个 0.30 cm² 的样品夹持器。

样品夹持器放置时应使测量区域的长边与透气带平行，并根据实际情况，尽量使测量区域位于透气带的中间位置[见图 3（d）]。

测量原纸的透气度时，应使用 2.00 cm² 的样品夹持器。

样品夹持器应该放置在透气带之间的中间位置,使夹持器测量区域距离不同透气带至少 2.5 mm。放置时应使测量区域 2 cm 长边与透气带平行[见图 3(d)]。如不能满足,应在测试报告中注明样品夹持器的大小和放置方向。

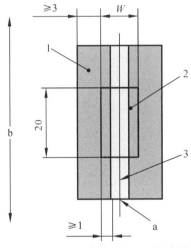

a)具有狭窄连续透气区的材料

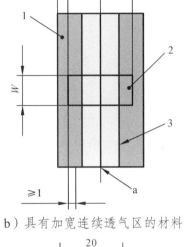

b)具有加宽连续透气区的材料

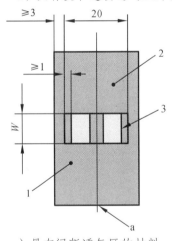

c)具有间断透气区的材料

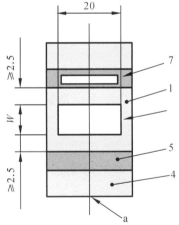

d)具有不同透气带的材料

说明:1—被测样品;2—样品夹持器的测量区域;3—测试区域;4—高透气度原纸区域(不含带区域);5—具有不同透气度的透气带;6—测量原纸透气度时样品夹持器放置的位置(使用 2.00 cm^2 的样品夹持器);7—测量透气带的透气度时样品夹持器放置的位置(使用 0.3 cm^2 的样品夹持器);a—被测试样品的中心线;b—纸张运动方向。

图 3　具有连续或间断透气区以及具有不同透气带的材料测试样品的放置位置

7.6 测 量

7.6.1 概 述

将一被测样品放入样品夹持器，在被测样品两面施加 1.00 kPa±0.05 kPa 的压差，准确记录此时的压差值和体积流量。

注 1：被测样品的透气性在其不同位置会有变化。本标准采用 10 次单独测量值的平均值作为被测样品透气度的测定值。亦可根据实际应用的要求改变测试的次数。

以上述的方法对所有被测样品进行测试，测试结果按第 8 章的规定处理。

如果认为材料的流量与压差的关系是非线性的，就需进一步对材料特性进行验证，可额外选取三个样品针对流量与压差关系进行下述试验。

对第一个样品进行测试，不移动样品的情况下，分别设置测试样品两个面之间的压差为 0.25 kPa 和 1.00 kPa，记录通过测试样品的空气体积流量 Q_1（cm^3/min）和 Q_2（cm^3/min）。

用式（1）计算两个流量的比值 Y：

$$Y = \frac{Q_1}{Q_2} \times \frac{1.0}{0.25} \tag{1}$$

对其余两个样品重复上述测试过程，并计算三次所得 Y 值的平均值。如果 Y 的平均值与 1.00 的偏差不大于 2%（在实际中即平均值不大于 1.02），则该样品的流量与压差关系为线性的，否则是非线性。

若确认该测试样品的流量与压差关系是非线性，那么在一个压差条件下测得的体积流量值是不足以反映该样品特性的，需在 0.25 kPa 的压差条件下再次对该样品的体积流量进行测量。

进一步的详细说明可以参见附录 D。

注 2：对于透气度在 1 kPa 条件下小于 10 cm^3/(min·cm^2)且流量与压差特性为线性的材料，可采用下列方法重新测量，以便对透气度进行估算：

——一个具有单一较大测量区域的样品夹持器；

——一个具有多个测量区域的样品夹持器，可同时对若干个面积为 2.00 cm^2 矩形测量区域进行测量，各测量区域均应满足 5.1 中所述的尺寸要求；

——采用 2.0 kPa 的压差条件。

上述方法只能给出样品透气度的估算值。

7.6.2 条状纸张样品的测量

连续进行 10 次独立测量，测量区域之间的距离至少应有 20 mm。

7.6.3 从卷烟成品上剥离的纸张样品的测量

逐一对 10 个剥离的纸张样品进行单次独立测量，可测得 10 个测量数据。需确保搭口不在样品测量区域内。

8 结果的表示

最终得到的透气度值应为多次独立测量值的平均值，见 7.6.2 和 7.6.3。

如使用的样品夹持器具有 7.6.1 注 2 所描述的多测试区域，所获得的测量值已是样品夹持器各测试区的平均值，应在重复性值（r）和再现性值（R）中进行说明。

透气度以 1 kPa 压差条件下每平方厘米面积上每分钟流过多少立方厘米空气量来表示。当使用测量区域面积为 2 cm² 的样品夹持器时，由式（2）给出：

$$AP = \frac{Q}{2} \qquad\qquad (2)$$

式中：

AP——透气度，单位为 1 kPa 压差条件下立方厘米每分平方厘米
　　　[cm³/(min · cm²)]；

Q —— 通过被测样品的空气体积流量，单位为立方厘米每分
　　　（cm³/min）。

由于 Q 并非在完全准确的 1 kPa 压差条件下测量得到的，故需要修正到 1 kPa 压差条件下。当使用测量区域面积不是 2 cm² 的样品夹持器时（见 7.6.1 的注 2），也需要进行相应的修正，按式（3）进行计算：

$$AP = \frac{Q}{A} \times \frac{p}{\Delta p} \qquad\qquad (3)$$

式中：p——标准压差值，数值为 1，单位为千帕（kPa）；

　　　A——测量区域面积值，单位为平方厘米（cm²）；

　　　Δp——试样面之间的实际压差值，单位为千帕（kPa）。

9 精密度

9.1 重复性

同一实验室的同一操作者在尽可能短的时间间隔内，采用正确的方法和规范的操作，用同一设备对相似样品进行测量，每两次独立测量结果之差超出重复性值（r）的次数，平均每 20 次不超过 1 次。

9.2 再现性

两个不同实验室采用正确的方法和规范的操作，对相似样品进行测量，每两次测量结果之差超出再现性值（R）的次数，平均每 20 次不超过 1 次。

注：事实上，最佳再现性值可以在用户和供货方采用相同试验条件下获得（尤其是采用同一个标准）。

9.3 一份国际共同合作研究的结果（研究 1）

1994 年进行了一次采用 6 个样品并有 24 家国际实验室参与的国际共同研究，对于卷烟纸、成形纸和接装纸（包括具有连续透气区的材料）样品依据本标准所述方法进行测量，获得的重复性限（r）和再现性限（R）结果见表 1。

表 1 研究 1 的重复性限和再现性限

透气度平均值 $cm^3/(min \cdot cm^2)$（在 1 kPa 时）	重复性限 r	再现性限 R
26.9	2.37	6.01
49.2	4.15	8.37
221	17.4	26.3
1334	96.6	133
2376	281*	326
21 449	1182	2077

为计算 r 和 R，规定以一条纸带样品 10 次测量的平均值或 10 支成品拆下的纸张样品测量的平均值作为一个测试结果。

表 1 中所给出的 r 和 R 值，仅对所用的特定纸张有效。根据共同研究的实际情况，在相同被测样品上进行重复性测试是不现实的。因此，被测样品的非均质性会导致实验室间的结果不一致。

如果被检测的对象是固体物质而它又是非均质的（例如：金属、橡胶或纺织物），且检测不可能在同一检测对象上重复，在此情况下被检测物质本身的非均质性构成了测量精密度的重要组成部分，并导致该物质检测后不能再保持初始完好状态。这时精密度实验也还是可以进行的，只不过 r 和 R 的值仅对所采用的特定物质有效，而在使用 r 和 R 时也应是这样的物质。只有在不同的时间或不同的生产者所生产的被测物质之间不存在明显差异的情况下才能得到可以更广泛使用的 r 与 R。这需要进行更为复杂的实验。

根据本次共同研究实验所获得的数据，通过剔除不同时间和不同样品导致的差异从而有可能估算出实验室内部条件不同导致的差异，实验室内部条件不同导致的差异可作为重复性值替代使用。最终所获得的重复性限以及相应的再现性限结果见表 2。

表 2　研究 1 替代的重复性限和再现性限

透气度平均值 cm³/(min·cm²)（在 1 kPa 时）	重复性限 r	再现性限 R
26.9	1.57	5.72
49.2	3.12	7.89
221	11.7	22.9
1334	45.2	95.1
2376	249*	297
21 449	519	1773

表中数值是采用等同于单个样品重复测量 10 次取平均值的方法进行计算而获得。

9.4　关于 r 和 R 结果的统计学讨论（针对研究 1）

从表 1 和表 2 的分析结果可以看出，r 和 R 与透气度平均值的百分比对于低透气度纸均表现为最高，由此表明 r 和 R 与透气度平均值的百分比有随透气度平均值增大而减小的趋势。

然而，表 1 和表 2 中标注一个星号（＊）的纸样出现了与此趋势不一致的结果。表 1 表明该纸样较高的 r 百分比（与其他纸样相比）是由于实验室内部条件产生的差异较大。而在本研究中，并没有证据表明该纸样的实验室间差异（以 R 与透气度平均值的百分比形式表示）比其他测试纸样更高。

通过实验室内和实验室间标准偏差的分析证实了该结论。实验室内平均值的相对标准偏差与 r 百分比（作为预期）呈现同样的结果，但实验室间平均值的相对标准偏差并没有表明该纸样会有一个超预期的高值。

该纸样的结果表明，由本研究获得的 r 和 R 仅可应用于本研究中所测试的纸张样品。

9.5 一份国际共同合作研究的结果（研究2）

2005年再次进行了一次国际实验室间的共同合作研究，主要是评估那些通过引入加宽连续打孔透气区和间断打孔透气区以及带状纸等方式从而人为改变透气度的特殊卷烟纸、接装纸的 r 和 R 值。本次共同研究的对象还包括普通卷烟纸（具有自然透气度的卷烟纸）和成形纸，这样可以与上一次共同研究的结果进行比较。对每一种类型的纸样，在一条纸带样品的不同位置分别测量10次，然后取平均值作为测试结果。重复测5天，每天都在不同类型的纸样中选取新的样品。

表3中所给出本次国际合作研究第一次实验的 r 和 R 值，仅对所用的特定纸张有效。根据共同研究的实际情况，在相同被测样品上进行重复性测试是不现实的。因此，被测样品的非均质性会导致实验室间的结果不一致。

表3 研究2第一次实验的重复性限和再现性限

样品描述	透气度平均值 cm³/(min · cm²)（在1 kPa时）	重复性限 r	再现性限 R	r	R
				透气度平均值的百分比	
带状卷烟纸	5.52	3.97	5.13	71.92	92.93
自然透气度卷烟纸	31.75	3.30	3.70	10.45	11.72
具有加宽透气区的卷烟纸	99.00	8.78	17.66	8.87	17.84
	202.00	9.02	13.78	4.46	6.82
具有间断透气区的卷烟纸	341.79	34.46	40.18	10.08	11.76
	744.30	48.61	67.56	6.53	9.08
接装纸	1013.90	44.42	73.02	4.38	7.20
	3709.80	141.00	533.08	3.80	14.37
成形纸	11 171.14	1423.69	1782.06	12.74	15.95

为了减少样品间的差异，本研究又进行了一次共同实验测试。对每一种类型的纸样。在一条纸带样品的不同位置分别测量10次，然后取平均值作为测试结果。每个实验室对从各类纸样中挑选出的单个样品，分别在5天中进行重复测试。选择样品时对样品进行标记，以便每次重复测试时

测试位置都和第一次相同。因此，由于每个实验室进行样品重复测试时的测试位置都是确定的，使得每种类型纸样的 r 值都比第一次共同研究获得的 r 值低得多。

本次国际合作研究第二次实验的最终结果见表 4。

注 1：通常不应对一个样品在同一个位置多次测量，因为这样可能会损坏样品。但对于该测试，为了避免损坏样品，已规定了专门的操作说明和注意事项，这样重复测试时样品的差异会被最小化。

注 2：该测试没有包括带状卷烟纸，因为对这种纸在同一位置进行多次测量十分困难。

表 4　研究 2 第二次实验的重复性限和再现性限

样品描述	透气度平均值 cm³/(min · cm²) （在 1 kPa 时）	重复性限 r	再现性限 R	r 透气度平均值的百分比	R 透气度平均值的百分比
自然透气度卷烟纸	30.99	0.49	1.47	1.58	4.74
具有加宽透气区的卷烟纸	100.37	1.04	18.18	1.04	18.11
	208.69	2.92	45.96	1.40	22.02
具有间断透气区的卷烟纸	347.89	6.49	17.50	1.87	5.03
	754.35	13.46	42.23	1.78	5.60
接装纸	1006.50	9.28	26.85	0.92	2.67
	3718.39	38.16	475.68	1.03	12.79
成形纸	10 710.06	122.91	833.22	1.15	7.78

9.6　关于 r 和 R 结果的统计学讨论（针对研究 2）

从表 3 的分析结果可以看出，低透气度纸的 r 和 R 与透气度平均值百分比最高，由此表明 r 和 R 与透气度平均值的百分比具有随透气度平均值增大而减小的趋势。成形纸以及低透气度、具有间断透气区的卷烟纸不遵循该变化趋势。

从表 4 中第二次实验结果的分析可以看出，所有纸样的 r 与透气度平均值百分比均接近 1%。这个值接近该测试方法的实际重复性（但对于纸带样品，由于纸带上不同测量位置透气度存在差异，所以最终样品结果仍存在一定的差异）。

R 值显示了不同类型纸样之间存在较大差异。表 3 中实验室内的主要差异是由于同一类型纸样不同样品间透气性差异所产生的。而且，实验室间的测量数据也证明了上述观点，并表明一些纸样（特别是具有加宽透气区的卷烟纸和高透接装纸）在不同实验室间的测试结果具有较大差异。

注： 在共同研究开展实验之前，同一类型纸样的所有样品均取自同一盘纸并随机分发，因此所有实验室都将得到理论上一致的样品。但是较高的 R 值表明各实验室所得到的样品之间存在较大的差异性，同时也表明同一盘纸样本身也具有较大的差异性。

显然，样品间以及样品本身的差异对实验室内和实验室间透气度测量结果差异有显著影响。还需要强调的是，表 3 中的结果以及表 4 中的 R 结果，仅适用于本研究中所测试的纸张样品。

10 测试报告

测试报告应给出所用方法和得到的结果，还应记录本标准未做规定的其他操作条件以及任何可能影响结果的情况。

测试报告应包括样品的所有完整识别信息，尤其应包括以下内容：

a）取样日期和取样方法；

b）测试样品的全部信息资料，具有连续透气区的样品属性的说明（如：种类、宽度）；

c）测试日期；

d）注明详细的测量条件（尤其要注明气流方向是采用正面吹还是反面抽），包括偏离本标准要求的情况或任何可能影响到测试结果的因素；

e）调节大气环境和样品调节时间；

f）测试时的大气压；

g）以透气度（AP）单位表示的结果；

h）与结果相关的初步统计：

——测量次数；

——平均值和标准偏差。

附录 A

（规范性附录）

样品夹持器的泄露测试

A.1 概述

卷烟纸、成形纸、接装纸（包括具有间断或连续透气区的材料以及具有不同透气带的材料）透气度测量仪器的性能测试应按生产厂商的产品说明书进行。

本附录描述了用于测试样品夹持器结核面之间空气泄漏的常规测试方法。

A.2 程序

密封从样品夹持器到大气的气流通道。

用常规方法操作透气度测量仪器并确保仪器样品夹持器两接合面之间未放置样品。

记录测量仪器显示的泄漏率。样品夹持器接合面之间要形成密封，此时记录的流量测试结果不应大于 2 cm³/min。

重复上述步骤五次，如果任何一次测试结果大于 2 cm³/min，则该样品夹持器的安装是不合格的。

所有读数应随测试结果一起在报告中注明。

样品夹持器的泄露测试原理如图 A.1 所示。

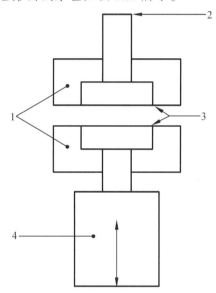

说明：

1——样品夹持器；

2——已密封的连通大气的气流通道；

3——密封结合面；

4——气体流量测量设备。

图 A.1 样品夹持器的泄露测试图

附录 B
（规范性附录）
透气度标准流量盘和透气度测量仪器的校准

B.1 标准流量盘的基本参数

透气度标准流量盘用于校准可测量卷烟纸、成形纸、接装纸（包括具有间断或连续透气区的材料以及具有不同透气带的材料）透气度的仪器。

标准流量盘在规定的压差（1 kPa）条件下应具有已知且可重复测得的气体体积流量值，该值是在标准流量盘出口端测量得到的。标准流量盘的流量与压差特性参数应保持不变，并在最大程度上不受大气环境条件变化的影响。标准流量盘应标注 1 kPa 压差条件下，准确度在 0.5% 以内的体积流量值，该体积流量值可根据需要修正补偿到 22 ℃ 和 101.3 kPa 的标准大气条件。

标准流量盘的材质构造取决于需要使用它们的透气度测量仪器的设计。

标准流量盘应提供体积流量值及可溯源的校准证书。

B.2 标准流量盘校准程序

B.2.1 概述

校准实验室的测试大气应符合 GB/T 10739 的要求。测试大气的条件应记录在随标准流量盘提供的校准证书中。

标准流量盘应放置在夹持器中，夹持器应设计为不影响标准流量盘的参数。

通过标准流量盘的气流可分别利用吹气或抽吸装置产生正压或负压而获得。气流通过标准流量盘的方向应与流量盘用来校准透气度测量仪器时保持一致。

应在夹持着标准流量盘的夹持器出口测量气体流量、温度和大气压力。依据使用的流量校准仪器的类型和操作方式，及标准流量盘的特性，采用合适的数学修正方法，将流量修正至 22 ℃ 和 101.3 kPa 标准条件下的值。体积流量的修正补偿在附录 E 中进行了详细的讨论。

一个典型标准流量盘校准装置示意图如图 B.1 所示。

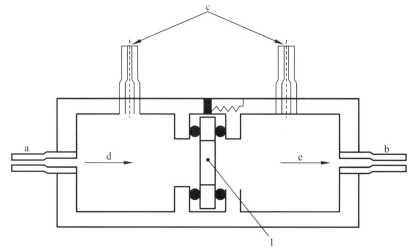

说明：

1——被校准流量盘；　　a——高压；　　b——低压；

c——测量压差；　　　　d——空气进；　　e——空气出。

图 B.1　流量盘校准装置示意图

B.2.2　方法 1

调整气流，使标准流量盘两端产生满足 1.000 kPa±0.005 kPa 的稳定压力差。用一台对气路不产生明显影响的流量测量仪器在标准流量盘出口端测量气体体积流量，并记录校准时的温度和压力。

校准每个标准流量盘都应重复上述步骤五次。

标准流量盘的校准值应为标准条件下的五次体积流量值的平均值。

B.2.3　方法 2

调节气流，使标准流量盘两端保持在一稳定压差，将压差值依次分别设置高于 1 kPa 的 5% 和 10% 以及低于 1 kPa 的 5% 和 10%。在每一压差设置点。记录流量盘两端的压差并精确到 0.005 kPa。在每个压差设置点，用一台对气路不产生明显影响的流量测量仪器在标准流量盘出口端测量体积流量，并记录校准时的气体温度和大气压力。

在每个压差设置点，至少要测得两个测量值。

最终所得到标准流量盘的校准值是流量盘两端压差为 1.000 kPa 时，标准大气条件下的体积流量插值计算结果。

B.3　仪器的校准

透气度测量仪器的校准和性能测试应按照仪器生产厂商的产品说明

书进行。

B.4　仪器校准原理

为获得较好的测量精度，仪器应在其标称的测量量程范围内校准。进行校准时应采用符合仪器测量量程并与测量值对应的传感元件来实现。

B.5　仪器校准步骤

应按照透气度测量仪器使用说明书给出的步骤进行操作，典型的操作步骤如下：

——安装标准流量盘并使其平衡至测试大气环境的温度；

——连接一个参考压力计到测量回路，以测量标准流量盘两端的压力差，参考压力计的最大相对误差应小于其测量值的 0.5%；

——在标准流量盘两端设置 1.0 kPa±0.1 kPa 范围内的压差；

——调整透气度测量仪器的测量系统，使仪器显示的压差值为参考压力计的示值；

——卸下参考压力计并密封连接点；

——调整标准流量盘两端压差至 1.000 kPa±0.005 kPa 范围内，调整仪器的测量系统，使仪器显示的流量值为标准流量盘上的标定值；

——对每个标准流量盘重复上述步骤；

——返回至仪器的测量模式，对每个标准流量盘进行透气度测量，检查结果是否符合仪器说明书和标准流量盘所规定的校准允差范围。

B.6　标准流量盘校准证书

每一个透气度标准流量盘都应配具有唯一索引号和标定值的校准证书，且校准证书还应包括校准时的环境大气条件以及将体积流量测量值修正补偿到标准大气条件下的计算过程。

校准证书应当包括用户用于识别和使用标准流量盘的所有必要信息，包括但不限于以下内容：

——校准时的环境温度、相对湿度和大气压力；

——标准流量盘出口端的体积流量、气体温度和大气压力；

——校准时标准流量盘两端的压差；

——体积流量修正补偿后的标定值；

——标定值对应的压差；

——修正补偿至标定值的标准大气条件；

——采用的修正补偿公式，以及对公式的详细解释；

——校准日期；

——校准技术人员的身份识别和姓名。

附录 C

（规范性附录）

关于样品夹持器中被测样品表面泄露的测定

C.1 原理

表面泄露是指气体通过样品夹持器的密封面由环境大气中吸入或逸出到环境大气中。

图 C.1 给出了测试表面泄露的原理示意图。

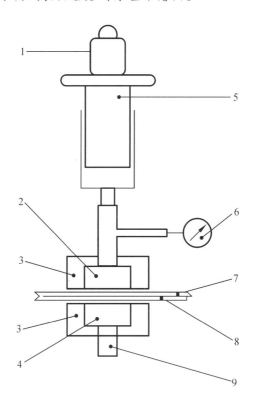

说明：

1——使用的砝码；　　2——入口腔；　　　3——样品夹持器；

4——出口腔；　　　　5——针筒；　　　　6——压差计；

7——测试样品；　　　8——不透气薄膜；　9——出口。

图 C.1　表面泄露的测试原理

C.2 步骤

表面泄露的测定可以按下述步骤进行：

——将一个已校准的针筒连接到样品夹持器入口；

——将一个压差计连接到针筒和样品夹持器的入口的连接处，确保所有连接部分的气密性；

——将一个测试材料样品和一个覆盖整个测量区域（包括密封面）的不透气薄膜放入样品夹持器，测试材料样品放入样品夹持器的正确位置，不透气薄膜则用于确保所有与透气度测定有关的泄露都已被考虑在内；

——闭合样品夹持器，在针筒上部使用砝码以在样品夹持器入口产生约 1 kPa 的压差；

——通过针筒中活塞位置随时间的变化来测量泄漏量，应选择一段合适的时间以准确判断是否存在表面泄露，在这段时间内，要观察样品夹持器入口侧的压力，确保其值始终接近 1 kPa；

——任何压力的变化都可能表明针筒内具有不正常的阻力，此时测试应重做。

注： 此项测试也可以不使用不透气薄膜而通过密封样品夹持器的出口端来完成。

附录 D
（资料性附录）
通过多孔材料的空气流量

D.1 理论研究

通过多孔材料的气体流量取决于流动气体的粘性力和惯性力。通过多孔材料的总气体流量如式（D.1）所示：

$$Q = ZA\Delta p + Z'A\Delta p^{n} \tag{D.1}$$

式中：

Q——总气体流量，单位为立方厘米每分（cm³/min）；

Z——由粘性力确定的多孔材料的透气性系数，单位为立方厘米每分平方厘米千帕[cm³/(min·cm²·kPa)]；

A——材料暴露在流动气体中的面积，单位为平方厘米（cm²）；

Δp——材料两边的压差，单位为千帕（kPa）；

Z'——由惯性力确定的多孔材料的透气性系数，单位为立方厘米每分平方厘米千帕之 n 分之一方 $[cm^3/(min \cdot cm^2 \cdot kPa^{1/n})]$；

n——取值在 0.5 和 1.0 之间的一个常数，该常数取决于气流所通过的材料上的间隙或孔的尺寸分布。

由式（D.1）可以看出，总气体流量（Q）与压差（Δp）两者具有非线性关系。因材料的透气度已被定义为 1 kPa 压差时通过 1 cm² 材料的空气流量，所以由式（D.1）得出材料的"总透气度"等于（$Z+Z'$）。

可以考虑式（D.1）的两种极限可能。

a）对有孔隙的卷烟纸而言，由于材料上的间隙（典型的为 1 μm 宽）相对于纸厚（20 μm ~ 40 μm）很小，因此气流惯性力可忽略，此时 $Z'=0$，则式（D.1）可简化为式（D.2）

$$Q = ZA\Delta p \qquad\qquad (D.2)$$

这种情况下，总气体流量（Q）和压差（Δp）的关系为线性的。

b）对于打孔接装纸而言，由于孔直径（通常大于 100 μm）比纸厚（通常约 40 μm）大，在这种情况下，$n=0.5$，则式（D.1）变化成二次方程，如式（D.3）。

$$Q = ZA\Delta p + Z'A\sqrt{\Delta p} \qquad\qquad (D.3)$$

如果在接装纸上除打孔区外没有其他间隙，则 $Z=0$，式（D.3）可简化为式（D.4）。

$$Q = Z'A\sqrt{\Delta p} \qquad\qquad (D.4)$$

D.2 具有非线性流量与压差关系的材料的特性

若被测材料具有非线性的流量与压差特性，Z、Z' 和 n 的值可以通过测试一系列 Δp 值下的 Q 值，并采用上文所述公式进行回归计算而得到。

被测材料最少需要 0.25 kPa 和 1.00 kPa 两个压差条件下测得的气体体积流量值来进行特征描述。

由式（D.1）得到式（D.5）：

$$Q = Z_T A\Delta p^k \qquad\qquad (D.5)$$

式中：

Q——总气体流量，单位为立方厘米每分（cm³/min）；

Z_T——纸张总透气度；

A——材料暴露在流动气体中的面积，单位为平方厘米（cm^2）；

Δp——材料两边的压差，单位为千帕（kPa）；

k——取值在 0.5 和 1.0 之间的一个常数，该常数取决于气流所通过的材料上的间隙或孔的尺寸分布。

如果已测得了两个不同压差条件下的气体流量，可由式（D.6）计算得到常数 k。

$$k = \frac{\lg \dfrac{Q_1}{Q_2}}{\lg \dfrac{p_1}{p_2}} \qquad (D.6)$$

式中：

Q_1——第一次施加压力测量的气体流量，单位为立方厘米每分（cm^3/min）；

Q_2——第二次施加压力测量的气体流量，单位为立方厘米每分（cm^3/min）；

p_1——第一次施加的压力，单位为千帕（kPa）；

p_2——第二次施加的压力，单位为千帕（kPa）。

当实际压力与标称压力相差很小时，气体流量可以采用并不会导致明显的误差的式（D.7）来计算获得：

$$Q_1 = Q_2 \left(\frac{P_1}{P_2} \right)^k \qquad (D.7)$$

式中：

Q_1——第一次施加压力测量的气体流量，单位为立方厘米每分（cm^3/min）；

Q_2——第二次施加压力测量的气体流量，单位为立方厘米每分（cm^3/min）；

p_1——第一次施加的压力，单位为千帕（kPa）；

p_2——第二次施加的压力，单位为千帕（kPa）。

k——取值在 0.5 和 1.0 之间的一个常数，该常数取决于气流所通过的材料上的间隙或孔的尺寸分布。

附录 E

（资料性附录）

标准流量盘的补偿

E.1 线性和非线性标准流量盘

E.1.1 概述

如附录 B 中所述，透气度标准流量盘应在标准大气环境条件下，通过在流量盘两端增加 1 kPa 的压差，测量通过流量盘的气体体积流量来进行标定。但是当处于非标准大气环境时，就需要对测得的体积流量值进行数学修正。修正方法取决于标准流量盘的流量与压差特性。

E.1.2 具有线性流量与压差特性的标准流量盘

线性标准流量盘的流量与压差特性主要受气体粘性效应影响，其流量与压差特性公式如式（E.1）所示：

$$\Delta p = \alpha \times Q \qquad\qquad （E.1）$$

式中：

Δp——标准流量盘两侧的压差；

α——常数；

Q——通过标准流量盘的体积流量。

E.1.3 具有非线性流量与压差特性的标准流量盘

非线性标准流量盘可能具有多种的流量与压差特性，通常可以用式（E.2）所示来描述：

$$\Delta p = (\alpha \times Q) + (\beta \times Q^n) \qquad\qquad （E.2）$$

式中：

Δp——标准流量盘两侧的压差；

α——取决于空气粘性及标准流量盘具体构造的系数；

Q——通过标准流量盘的体积流量。

β——取决于空气密度及标准流量盘具体构造的系数；

n——与标准流量盘的结构相关的系数。

因此，体积流量与气流的粘性以及惯性力都有关。

E.2 气体体积流量的修正和补偿

E.2.1 线性标准流量盘

对于线性标准流量盘，当气体温度基本不变，仅环境大气压发生变化时不需进行修正补偿;当环境大气压基本不变,而气体温度在 18 ℃ ~ 26 ℃ 范围内发生变化时也不需进行修正补偿。

E.2.2　非线性标准流量盘

非线性标准流量盘的修正补偿取决于标准流量盘的特性。为了方便说明,这里以多孔材料(例如烧结玻璃或金属颗粒)制成的非线性标准流量盘为例,介绍了其修正补偿方法。

多孔材料的特性如式(E.3)所示:

$$\Delta p = (\alpha \times \eta \times Q) + (\beta \times \rho \times Q^2) \qquad (E.3)$$

式中:

α 和 β ——取决于多孔材料自身特性的特征系数;

η ——通过非线性标准流量盘的气体粘性系数;

ρ ——通过非线性标准流量盘的气体密度系数。

式(E.3)可改写为如式(E.4)所示的线性关系:

$$\frac{\Delta p}{\eta Q} = \alpha + \beta \left(\frac{\rho Q}{\eta} \right) \qquad (E.4)$$

通过非线性标准流量盘的体积流量可在多个不同的压差下测量得到,并绘制成以 $\dfrac{\Delta p}{\eta Q}$ 和 $\dfrac{\rho Q}{\eta}$ 分别作为纵坐标和横坐标的图。

常量 α(截距)和 β(斜率)可通过上文所述的图计算得到。

注: 空气粘性 η 和密度 ρ 可以通过查找有关文献得到。

α 和 β 描述了通过非线性标准流量盘的气体特性,并可用于修正特定温度、压力和相对湿度条件下测得的气体体积流量。

因此,可将式(E.4)改写为式(E.5):

$$\beta \times \rho \times Q^2 + \alpha \times \eta \times Q - \Delta p = 0 \qquad (E.5)$$

最终可得到式(E.6):

$$Q_s = \frac{-\alpha \times \eta_s + \sqrt{(\alpha \times \eta_s)^2 + (4 \times \rho_s \times \beta \times \Delta p)}}{2 \times \beta \times \rho_s} \qquad (E.6)$$

式中:

Q_s ——修正补偿到标准大气条件下的体积流量;

α 和 β ——式(E.3)中所定义的非线性标准流量盘的特征常数;

η_s——标准大气条件下的空气粘性系数；

ρ_s——标准大气条件下的空气密度系数。

附录 F

（资料性附录）

本标准与 ISO 2965:2009 的对照

表 F.1 给出了本标准与 ISO 2965:2009 的技术性差异及其原因一览表。

表 F.1　本标准与 ISO 2965:2009 的技术性差异及其原因

本标准的章条编号	技术性差异	原因
7.3	删除了 ISO 2965:2009 中 7.3 的要点"实验室中不能达到 ISO 187 所规定的条件时，可采用 ISO 3402 所规定的条件，温度 22 ℃±1 ℃ 和相对湿度 60%±2%。此时应在测试报告中给予说明。"	根据我国已有的标准要求和我国国情，实验室通常能够达到 ISO 187（GB/T 10739）的要求，删除此要点更便于标准的理解和执行
B.2	删除了 ISO 2965:2009 中附录 B 的 B.2 所述"在无法达到 ISO 187 给出条件的实验室中，可以采用本标准和 ISO 3402 给出的条件 22 ℃±1 ℃ 和 (60±2)%RH。"	根据我国已有的标准要求和我国国情，实验室能够达到 ISO 187（GB/T 10739）的要求，删除此段叙述更便于标准的理解和执行
E.2.1	删除了 ISO 2965:2009 中附录 E 的 E.2.1 所述的内容，修改为"对于线性标准流量盘，当气体温度基本不变，仅环境大气压发生变化时不需进行修正补偿；当环境大气压基本不变，而气体温度在 18 ℃~26 ℃ 范围内发生变化时也不需进行修正补偿。"	通过实验发现线性标准流量盘透气度测量值未修正和补偿时极差较小，采用 E.2.1 方法对大气压力和温度修正后，极差却明显增大，而且直接使用仪器在不同大气压及不同气体温度条件下测试线性标准流量盘时示值也没有明显变化，证明国际标准中关于线性流量盘的修正补偿方法无效

第六节　卷烟纸的抗张强度

▶▶▶▶▶▶▶▶

抗张强度是指在规定的条件下，纸或纸板所能承受的最大张力，即测定试样承受纵向负荷而断裂时的最大负荷。由于大多数纸或纸板在使用的过程中都难免受拉，所以抗张强度是一项很重要的物理性能指标。

一般来说，在纸机上抄造的普通纸，其抗张强度纵向要比横向大。纸张的水分含量对其抗张强度影响很大，纸张水分含量约 5%，抗张强度最大，高于或低于该值时抗张强度都会降低。影响抗张强度最重要的因素是纤维之间的结合力及纤维自身的强度，而纤维的长度并不是最重要的。例如，增加打浆度和湿压榨将增加纤维结合。纸的裂断长与紧度成直线关系。加入纸的增强剂（干强剂或湿强剂）也会使纸张的抗张强度等指标大幅度增加。

伸长率是指纸或纸板试样因承受拉力而变形伸长，当试样裂断时即伸长达到极限时，其伸长的长度与试样原长度的百分比值。伸长率一般多在抗张强度测定仪上与检测抗张强度同时进行。但这种方法测出的伸长率并不是纸张真正的变形量。因为该方法测出的是纸张完全断裂时的伸长，不仅包括纸张弹性的和非弹性的伸长，还包括断裂时拉开的微小伸长。但目前伸长率仍是测量纸张坚韧性的合适指标，也是影响纸张耐破度、耐折度和撕裂度的一项因素。

抗张能量吸收（通称 T.E.A）是一项评价纸张强韧性的重要指标，用纸张拉伸到破裂时应力应变曲线下的面积来表示。如果伸长率低，在一定的作用力下纸会破损；如果伸长率高，则纸张受力后首先发生变形而不会立即破损。在实际中，抗张力大而伸长率低的纸不一定比抗张力小而伸长率高的纸好。由于后者吸收了大部分能量，表现出较高的强韧性，所以 T.E.A 是将抗张强度和伸长率综合在一起的重要物理指标。增加抗张力或增加伸长率，吸收能量都会增加，因此微起皱的纸比没有起皱的纸抗张能量高得多。由于一般纸横向伸长率比纵向高，所以横向 T.E.A 比纵向高。摆锤式拉力机及恒伸长式拉伸试验仪都可以测试 T.E.A。但前者是采用系数折算法求出的，无论什么纸都采用同一系数；而后者是采用积分计算吸收功的，因此精确度较高。目前常用的测试仪器主要有摆锤式拉力机（肖伯尔式）和恒伸长式电子万能拉伸试验仪两种类型。另有一种水平式电子抗张力试验机，在瑞典等国广泛使用。

本节主要介绍恒伸长式拉伸试验仪测定卷烟纸的抗张能量吸收。

一、测量仪器

（一）仪器结构及工作原理

目前这种仪器主要有两种形式：一种是双丝杆传动，另一种是单丝杆传动，两种仪器工作原理基本相同。双丝杆传动承载能力大，但两根丝杆运行的同步性要求较高，造价也较高。单丝杆传动的仪器虽然承载能力小，但结构简单，造价也较低。图 2-3 为双丝杆式拉力机的结构示意图。

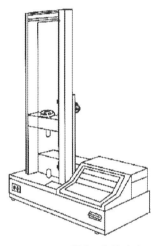

图 2-3　双丝杆式拉力机

INSTRON 万能拉力仪是双丝杆传动的一种。它由双立柱支撑，丝杆安装在立柱壳内，并用皮套密封，在丝杆上安装一个十字头，上装传感器，主机底座内装有一个控制整机的单板微机，可进行自动校准等。夹具是用压缩空气控制的气动夹具，附带有 HP85-B 型微型计算机及绘图和打印机。附件不联机时，主机也可以正常工作，但数据的读取和计算都要人工来做；附件联机时，计算机控制了主机，可以自动读取数据，自动进行数据的分析、统计、计算，然后由打印机绘图仪输出测试结果。其输出参数有抗张力值、伸长率、伸长量、抗张能量吸收值、应力应变曲线、某一点弹性模数，也可以进行疲劳试验和抗压试验。单丝杆式电子拉伸试验机，基本原理与双丝杆相同，只是一个丝杆驱动传感器上下移动。

（二）主要技术参数

主要技术参数见表 2-1。

表 2-1 主要技术参数

最大负荷量	0 ~ 100 N 0 ~ 500 N 0 ~ 1000 N	精度±0.45 FS
伸长率	分辨值 0.1 mm	精度±0.15 mm
抗张能量吸收	最大值 1000 J/m², 分辨值 0.1 J/m²	精度±1.8%
最大行程	上下夹具向初始距离 180 mm 时	450 mm
拉伸速度	0 ~ 400 mm/min	精度±1%, ±0.2 mm/min
复位精度	复位精度<0.5 mm	
输出方式	电子显示器，按键选择显示，打印机打印输出	

（三）仪器校对

1. 负荷准确度校对

在每一个量程的传感器上选用适当的专用砝码（分别设定若干点，一般至少 5 个点）挂在夹头上，观察力值显示器，并读出显示值。对每一个传感器按选定点分别进行 3 次试验，示值误差按下式计算：

$$\delta_{\mathrm{F}} = \frac{W - W_0}{W_{0\max}} \times 100\%$$

式中　δ_{F}——某测定点的示值误差，%；

　　　W——该点仪器显示值；

　　　W_0——专用砝码所受重力；

　　　$W_{0\max}$——被测传感器满量程真值。

此项检查也可采用精度高于仪器的专用测量计或专用传感器式测力计进行。

2. 抗张能量吸收测量误差的校对

在上夹头内悬挂一个 5 kg 左右的砝码，然后开动仪器，使上夹头以 30 mm/min 速度上升约 10 mm 的距离后停机。用卡尺测量上升距离，并记下仪器抗张能量吸收的读数，如此反复 3 次，测量示值误差按下式计算：

$$W = \frac{L \cdot b \cdot E}{1000}$$

$$\delta_A = \frac{W - W_0}{W_0} \times 100\%$$

式中　δ_A——抗张能量吸收值误差，%；

　　　W——抗张功，mJ；

　　　L——试样长，mm；

　　　b——试样宽，mm；

　　　E——仪器输出值，J/m²；

　　　W_0——仪器克服砝码重力使之上升一定距离所做的功，mJ；

　　　L 和 W 是键盘输入值。

　　　W_0 的值可按下式计算：

$$W_0 = mgH$$

式中　m——砝码质量，kg；

　　　g——重力加速度，m/s²；

　　　H——砝码上升高度，mm。

3. 伸长量测量误差校对

在开机前，先用游标卡尺测量上下夹具之间的距离 h_1，然后开动仪器，使上夹头以约 30 mm/min 的速度上升，待其运行一段时间后停机，再用卡尺测量此时上下夹具之间的距离 h_2，一般取 5 个点。计算公式如下：

$$\Delta L_0 = h_2 - h_1$$

$$\delta_{\Delta L} = \Delta L - (\Delta L_0)$$

式中　$\delta_{\Delta L}$——伸长量示值误差；

　　　ΔL——仪器输出伸长量值；

　　　ΔL_0——伸长量实测值。

4. 上夹具上升速度精度的校对

开机前将仪器光电码盘输出端与频率计数器相连，然后开动试验机，使上夹头以一定速度上升，通过频率计数器在 1 min 内输出总脉冲数，一般需测 5 个点。试验机上夹头上升速度的误差按下式计算：

$$\delta_v = V - V_0$$

其中

$$V = \frac{mp}{ni}$$

式中　δ_v——上升速度误差；

　　　　m——频率计数器所给出的 1 min 内总脉冲数；

　　　　p——仪器传动丝杆导程；

　　　　n——光电码盘每转输出的脉冲数；

　　　　i——试验机传动系统的总传动比；

　　　　V_0——仪器标示速度。

此校对只要定期进行即可，平常不必校准。

5. 上夹具复位精度校对

先将上下夹河距离调整到 180 mm，用游标卡尺测量上下夹间距离。待做完一次试验后，上夹头自动复位，此时再用游标卡尺测量这时上下夹具间距离，误差用下式计算：

$$\delta = H_1 - H_2$$

式中　H_1，H_2——前后两次测量上下夹具间距离值，mm。

6. 上下夹具对中性的校对

对于上下夹具都是固定的仪器来讲，这个误差很小，可以不进行检查。

但是对于上下夹头都是活动的仪器，可用铅锤进行检查。

二、实验步骤

（1）按标准规定取样，将试样在标准温湿度条件下进行处理，并在同样大气条件下进行后续操作。切取宽 15 mm（允许偏差-1.0 ～ +0.2 mm）、长约 250 mm 纵横方向的试样各 10 条以上，做好标记。

（2）输入仪器必要的参数：传感器系数、拉伸速度，样品规格，样品数及是否需要将结果进行系统处理等。

（3）将仪器接入有稳压电源的电路中，将电源开关打开，使仪器预热 30 min 左右。有气动夹具的仪器还应将气源与仪器连接好，并将气压调到所要求的范围内。

（4）根据仪器要求向仪器输入有关参数。一般来讲，拉伸速度视产品标准要求而定，保证样品在(20±5) s 内断裂。如果计算弹性模数还要输入样品的厚度值。

（5）检查仪器夹具及人机对话时仪器是否反应正常。根据要求调节好夹子之间的距离。

（6）将试样在夹子之间夹好，并保持垂直。

（7）启动试验开关，仪器工作。显示器显示出测试结果。需要时还可用打印机打印出来。

（8）仪器使用完毕，应注意不要在传感器上悬挂重物。先将气源切断，再关闭计算机电源开关，最后切断总电源。

三、数据处理

抗张能量吸收值（T.E.A）按以下公式计算：

$$\bar{E} = \frac{E}{b \cdot L_i} \times 10^6 \ 或 \ \bar{E} = \frac{E}{b \cdot L_i} \times 10^3$$

式中　　$\bar{E}$——抗张能量吸收，J/m^2 或 mJ/m^2；

　　　　E——抗张能量，J 或 mJ；

　　　　b——试样宽度，mm；

　　　　L_i——试验前夹头间试样长度，mm。

计算结果取三位有效数字。

抗张能量吸收值指数按以下公式计算：

$$I_z = \frac{E}{g} \times 10^3$$

式中　　I_z——抗张能量吸收值指数，mJ/g；

　　　　E——抗张能量吸收，J/m^2；

　　　　g——定量，g/m^2。

计算结果取三位有效数字。

第七节　卷烟纸的阴燃速率

卷烟纸的阴燃速率是指 150 mm 卷烟纸样品的阴燃时间，以 min/150 mm 计。卷烟纸的阴燃速率与烟丝阴燃速率是否匹配具有十分重要的意义。卷烟纸的阴燃速率大于烟丝阴燃速率时，在烟支燃烧处，烟丝爆口不能成灰；卷烟纸阴燃速率小于烟丝阴燃速率时，烟头缩进卷烟纸内，烟丝因缺氧而使烟支熄火。因此，质量好的卷烟纸应该具有良好的燃烧性能，一方面要求卷烟纸燃烧时不产生有毒的烟气组分，另一方面要求卷烟纸的阴燃速率与烟丝燃烧速率一致。本节主要介绍现行两种卷烟纸的阴燃速率表征方法。

卷烟纸的阴燃速率测定按 YC/T 197—2005《卷烟纸阴燃速率的测定》（具体内容如下）的规定和 GB/T 12655—2017《卷烟纸基本性能要求》中附录 A《卷烟纸阴燃速率的测定》（规范性附录）（具体内容如下）的规定进行。

一、YC/T 197—2005《卷烟纸阴燃速率的测定》

1　范　围

本标准规定了卷烟纸阴燃速率的测定方法。

本标准适用于卷烟纸。

2　规范性引用文件

下列文件中的条款通过本标准的引用而成为本标准的条款。凡是注日期的引用文件，其随后所有的修改单（不包括勘误的内容）或修订版均不适用于本标准，然而，鼓励根据本标准达成协议的各方研究是否可使用这些文件的最新版本。凡是不注日期的引用文件，其最新版本适用于本标准。

GB/T 450 纸和纸板试样的采取（GB/T 450—2002，eqv ISO 186:1994）

GB/T 10739 纸、纸板和纸浆试样处理和试验的标准大气条件（GB/T 10739—2002，eqv ISO 187:1990）

3　原　理

常温常湿下，阴燃 150 mm 长度全宽的卷烟纸所需要的时间，单位为 s/150 mm。

4 仪器设备

测定卷烟纸阴燃速率的仪器应满足以下要求：

4.1 样品夹持装置：用于固定样品，能够使其保持水平、平整、不松动，不应影响样品阴燃。

4.2 距离测试装置：用于测试样品的阴燃距离，量程150 mm，精度为±1 mm。

4.3 计时装置：用于记录样品的阴燃时间，精度为±0.5 s。

4.4 点火装置：用于点燃样品，点燃样品时应保证样品全宽阴燃，不应出现明火且保持阴燃线整齐。

4.5 灰烬收集装置：用于储存阴燃灰烬，应有足够的安全性，以确保试验中不存在任何火灾隐患。

4.6 阴燃室：有足够的样品在阴燃时的氧气供给，没有干扰气流，能使样品在阴燃时不受干扰，烟雾无紊流现象。

5 试样制备

5.1 试样应按 GB/T 450 规定进行取样。

5.2 从实验室样品中沿卷烟纸纵向全宽截取长 250 mm 的试样 20 张。上下两层为保护层。剔除有明显缺陷的样品，如：起皱、浆块、孔洞和潮湿等样品。

6 试验场所

试验场所应备有水源或灭火装置等安全设施。以确保发生事故时能够及时处理。

7 试验步骤

7.1 试样先应按 GB/T 10739 的要求进行温湿度调节，试验应在常温常湿下进行，应在 30 min 内完成 10 次有效测试。

7.2 定性试验：将试样固定在样品夹持装置上，使其不松动，点燃试样，观察烟雾是否有紊流现象，若无紊流现象进行阴燃试验；若有紊流现象，应检查阴燃室，排出干扰气流，直至烟雾无紊流现象，否则应停止试验，对试验装置进行维修。

7.3 去除上面保护层，将被测试样正面朝下，水平固定在试样夹持装置上，使其平整不松动。

7.4 用点火装置点燃试样一端，当试样阴燃至距离测试装的零位时，开始计时。

7.5 开始计时后,试样阴燃过程中出现熄火,重新取 20 张试样进行阴燃试验,在试验中累计出现两次以上熄火,或出现两次以上由于试样燃烧速率不均匀在阴燃过程中落下没有阴燃的小纸片,记录该试样为熄火;试样阴燃过程中,阴燃端与水平方向夹角不应超过±15°,否则应将此数据剔除;试样阴燃至 150 mm 时,计时结束,阴燃线锯齿深度不应超过 10 mm,否则应将此数据剔除。

7.6 记录试样阴燃 150 mm±1 mm 所用的时间,精确至 1 s。

7.7 将试样阴燃残留物收集到灰烬收集装置,排放烟雾后进行下一个试验。

7.8 重复 7.3～7.7 的步骤,共测试 10 次。

7.9 试验结束,应将阴燃灰烬妥善处理,不应留有任何火灾隐患。

8 结果表示

以 10 次有效测定的平均值表示试样的阴燃速率,精确至 1 s/150 mm。

9 试验报告

试验报告应包括以下内容:

——本标准的编号;

——试样的标志及说明;

——检验人员、检验时间、所用的仪器和型号;

——检验的环境条件和检验结果。

二、GB/T 12655—2017《卷烟纸基本性能要求》中附录 A《卷烟纸阴燃速率的测定》(规范性附录)

A.1 原理

常温常湿下,一定宽度透气度均匀分布的卷烟纸阴燃 150 mm 长度所需要的时间。

A.2 仪器

测定卷烟纸阴燃速率的仪器应满足以下要求:

——样品夹持装置:用于固定样品,能够使其保持水平、平整、不松动,不应影响样品阴燃;

——距离测试装置:用于测试样品的阴燃距离,量程 150 mm,精度为±1 mm。

——计时装置：用于记录样品的阴燃时间，精度为±0.5 s。

——点火装置：用于点燃样品，点燃样品时应保证样品全宽阴燃，不应出现明火且保持阴燃线整齐。

——灰烬收集装置：用于储存阴燃灰烬，应有足够的安全性，以确保试验中不存在任何火灾隐患。

——阴燃室：有足够的样品在阴燃时的氧气供给，没有干扰气流，能使样品在阴燃时不受干扰，烟雾无紊流现象。

A.3 试样制备

A.3.1 试样应按 GB/T 450 规定进行取样。

A.3.2 从实验室样品中沿卷烟纸纵向全宽截取长 250 mm 的试样 10 张（对于宽度>50 mm 的试样，取全宽的 1/2 进行测试），上下两层为保护层。剔除有明显缺陷的样品，如起皱、浆块、孔洞和潮湿等样品。

A.4 试验场所

试验场所应备有水源或灭火装置等安全设施，以确保发生事故时能够及时处理。

A.5 试验步骤

A.5.1 试样先应按 GB/T 10739 的要求进行温湿度调节，试验应在常温常湿下进行，应在 30 min 内完成 5 次有效测试。

A.5.2 定性试验：将试样固定在样品夹持装置上，使其不松动，点燃试样，观察烟雾是否有紊流现象，若无紊流现象进行阴燃试验；若有紊流现象，应检查阴燃室，排出干扰气流，直至烟雾无紊流现象，否则应停止试验，对试验装置进行维修。

A.5.3 去除上面保护层，将被测试样正面朝下水平固定在试样夹持装置上，使其平整不松动。

A.5.4 用点火装置点燃试样一端，当试样阴燃至距离测试装的零位时，开始计时。

试样阴燃过程中，阴燃端与水平方向夹角不应超过±15°，否则应将此数据剔除；试样阴燃至 150 mm 时，计时结束，阴燃线锯齿深度不应超过 10 mm，否则应将此数据剔除。

A.5.5 记录试样阴燃 150 mm±1 mm 所用的时间，精确至 1 s。

A.5.6 将试样阴燃残留物收集到灰烬收集装置，排放烟雾后进行下一个试验。

A.5.7　重复 A.5.3～A.5.6 的步骤，共测试 5 次。

A.5.8　开始计时后，若试样阴燃过程中出现熄火，重新取 10 张试样进行阴燃试验，重复 A.5.3～A.5.6 的步骤，共测试 5 次。若试验中累计出现两次以上熄火，记录该试样为熄火。

A.5.9　试验结束，应将阴燃灰烬妥善处理，不应留有任何火灾隐患。

A.6　结果表示

以 5 次有效测定的平均值表示试样的阴燃速率，精确至 1 s/150 mm。

A.7　试验报告

试验报告应包括以下内容：

a）试验所采用的方法；

b）鉴定试样的所有资料；

c）试验时间；

d）试验所用的仪器和型号；

e）试验人员和试验结果；

f）任何偏离本方法的操作或能够影响试验结果的工作条件。

卷烟纸组分含量检测

 **卷烟纸及其纤维原料的水分**

▶▶▶▶▶▶▶▶▶▶

卷烟纸是由长短不等的纤维相互交织而成。由于这些交织不可避免地形成一些间隙，再加上纤维毛细管作用和填料 $CaCO_3$ 卷烟纸具有很强的吸湿和放湿能力，其吸湿和释放速率取决于卷烟纸本身水分的含量以及所处环境的温湿度条件。此外，卷烟纸水分含量对烟支燃烧性能、卷烟的品吸品质具有重要影响。因此，卷烟纸水分的测定具有重要的意义。

卷烟纸水分按 GB/T 462—2008《纸、纸板和纸浆　分析试样水分的测定》的规定进行。

一、测定原理

水分是指原料（或纸浆）试样在规定的烘干温度(105 ± 2) ℃下，烘干至恒重所失去的质量与试样原质量之比，以百分数表示。

二、仪器与设备

① 扁形称量瓶（或其他试样容器）；② 可控温烘箱；③ 干燥器（内装变色硅胶应保持蓝色）；④ 分析天平：感量 0.0001 g。

三、试验步骤

精确称取 1 ~ 2 g 试样（精确至 0.0001 g），于一洁净的已烘干至恒重的扁形称量瓶中，置于(105 ± 2) ℃ 烘箱中烘 4 h，将称量瓶移入干燥器中，冷却 0.5 h 后称重。而后将称量瓶再移入烘箱，继续烘 1 h，冷却称重。如此重复，直至恒重为止。

四、结果计算

水分 $x(\%)$按下式计算：

$$x = \frac{m - m_1}{m} \times 100\%$$

式中　m——试样在烘干前的质量，g；

m_1——试样在烘干后的质量，g。

以两次测定的算术平均值报告结果，要求准确到小数点后第二位。两次测定计算值间误差不应超过 0.2%。

五、注意事项

（1）在进行多个试样测定时，称量瓶要预先编号。为此，用铅笔在瓶底和瓶盖的磨砂部位编写上相对应的号码，不要用钢笔书写号码，以防水洗时会除去。

（2）试样放入烘箱内烘干时，必须打开称量瓶盖，并连盖一起放入烘箱内烘干；当烘干结束时，应在烘箱内将称量瓶的盖子盖好，再移入干燥器内冷却。

（3）试样烘干的温度是水分测定的关键，因此要准确控制烘箱温度在规定范围内。

（4）在测定量较多的未经处理浆样的水分时，也可称取撕碎的浆样 10 g 或纸和纸板试样 5 g（称准至 0.001 g），按上述方法烘干测定，其结果计算至一位小数。

第二节　卷烟纸的灰分

　　卷烟纸的灰分（Ash）是纸张经高温灼烧后的残余物与原试样的绝干质量之比，卷烟纸的灰分主要为氧化钙的含量，还包括原料自然灰分和助剂中金属离子等。卷烟纸灰分是卷烟纸质量控制的一项重要指标，产生卷烟纸灰分的主要成分是纸中添加了碳酸钙等无机填充物，这些填充物可起到改善卷烟纸的透气度，调节卷烟纸的燃烧速率，提高卷烟纸的白度和不透明度，改善卷烟纸的手感和外观质量以及节约纤维用量等作用。因此，准确测定卷烟纸的灰分含量对于卷烟纸质量控制具有重要意义。

　　卷烟纸中灰分含量按照 GB/T 742—2018 《造纸原料、纸浆、纸和纸板灼烧残余物（灰分）的测定（575 °C 和 900 °C）》的规定进行。"灼烧残余物"在标准早期版本中被称为"灰分"，因此烟草行业一直习惯保留卷烟纸"灰分"的叫法。

一、测定原理

　　将一定量的试样放入坩埚，经电炉炭化，在温度(900±25) °C 的高温炉里灼烧，灼烧后残余物和坩埚的总质量减去坩埚质量后的差值即为残余物（灰分）的质量。

二、仪　器

　　（1）瓷坩埚或铂坩埚（30 mL 或 50 mL）；
　　（2）电炉；
　　（3）可控温高温炉；
　　（4）干燥器（内装变色硅胶应保持蓝色）；
　　（5）分析天平：感量 0.0001 g。

三、取样及处理

　　（1）称取一定量的试样（纸或纸板试样通常由一定量的小片组成，每个小片面积应不大于 1 cm²），试样总质量应不低于 1 g 或应能满足灼烧后残余物质量不低于 10 mg 的要求；试样应从不同位置取样，以具有代表性；称量精确至 0.1 mg。

（2）坩埚预处理：将坩埚置于(900±25) ℃ 的高温炉中灼烧 30 ~ 60 min，在空气中自然降温 10 min，再移入干燥器中冷却至室温并称量，精确至 0.1 mg。

（3）将（1）中称量的试样置于预处理并已称量的坩埚（2）中，先在电炉上炭化，炭化过程中，应确保试样不起火燃烧，试样炭化后将盛有试样的坩埚移入高温炉中灼烧，灼烧时应防止试样飞溅而损失。纸和纸板灼烧温度为(900±25) ℃，灼烧时间为 1 h。灼烧完成后，从高温炉中取出装有残余物的坩埚，在空气中自然降温 10 min，再移入干燥器中冷却至室温。称取盛有残余物的坩埚总质量，精确至 0.1 mg。

注：① 若试样的灼烧残余物非常少，则可从试样的不同部位采取足够多的量，放入同一个坩埚连续灼烧，以获得不低于 10 mg 的灼烧残余物。

② 除非有特殊需要，否则不需要延长灼烧时间，且不要试图达到恒重，因试样中的一些成分会随着加热时间延长而损失。

四、纸和纸板灰分的结果计算

灰分含量 X（%）按下式计算：

$$X = \frac{m_2 - m_1}{m} \times 100\%$$

式中　X——试样的灰分（灼烧残余物），%；

　　　m_1——灼烧后的空坩埚质量，g；

　　　m_2——灼烧后盛有残余物的坩埚质量，g；

　　　m——绝干试样的质量，g。

用两次测定的算术平均值报告结果，每次测定值与两次测定算术平均值的差值应不大于算术平均值的 5%。灼烧残余物大于或等于 1% 时，测定结果精确至 0.1%；灼烧残余物小于 1% 时，测定结果精确至 0.01%。

第三节　卷烟纸的尘埃度

　　纸或纸板的尘埃是指暴露在纸或纸板表面的、在任何照射角度下能见到的、与纸面颜色有显著差别的纤维束及其他杂质。尘埃度是指每平方米面积的纸上暴露的具有一定面积的尘埃的个数或尘埃的等值面积（mm^2），用以表示纸或纸板上具有尘埃的程度。尘埃的形成有多种原因，主要是由于生产不洁净和原料本身带来的，卷烟纸生产原料多为白色，用肉眼即可明显观察到纸面尘埃，使人感到很不舒服，故标准中对尘埃度进行了严格规定。

　　我国国标 GB/T 1541—2013《纸和纸板尘埃度的测定》规定了纸和纸板尘埃度的测定方法。

一、测试仪器

（一）照明装置

　　20 W 日光灯，照射角应为 60°。

（二）可转动的试样板

　　乳白玻璃板或半透明塑料板，试样板面积为 270 mm×270 mm。

（三）标准尘埃图

　　在一透明膜上印有不同面积和形状的尘埃系列，左半区为同一横行排列着面积相同，但形状不同的尘埃；右半区为同一纵列排列着面积相同，但形状不同的尘埃。

　　该图片上印有不同形状、不同面积的标准图样，其面积分为 0.05，0.08，0.1，0.2，0.3，0.5，0.7，1.0，1.5，2.0，2.5，3.0，4.0，5.0 mm^2，共 14 个等级。

二、测定步骤

　　（1）切取 250 mm×250 mm 的试样至少 4 张，标明正反面。如有大尘埃或黑色尘埃应取 5 m^2 试样进行测定。

　　（2）将试样放在可转动的试样板上，用板上四角别钳压紧。

　　（3）打开日光灯，检查纸面上肉眼可见的尘埃，此时眼睛距纸面的距离应在

250～300 mm，用不同标记圈出不同面积的尘埃。

（4）用标准尘埃对比图鉴定纸上尘埃面积的大小。也可采用按不同面积的大小，分别记录同一面积的尘埃个数。

（5）将试样板旋转90°，检查是否有新的尘埃，并进行标记。再沿同一方向转动90°将新发现的尘埃进行标记，如此进行，直至返回最初位置为止。

（6）按以上方法测定试样的另一面及其他试样。若单面使用的纸张则仅测定使用面的尘埃度。

三、数据处理及结果计算

（1）结果可按产品标准或合同规定的分组进行计算。先计算出每一张试样正反面每组尘埃的个数，单面使用的纸和纸板仅测使用面的尘埃，双面使用的纸和纸板测试两面的尘埃，将四张试样合并计算，然后换算成每平方米的尘埃个数，结果取整数。尘埃度按下式计算，以个/m² 表示。

$$N_D = \frac{M}{n} \times 16$$

式中　N_D——尘埃度，个/m²；

　　　M——全部试样尘埃总数，个；

　　　n——进行尘埃测定的试样张数。

注：① 如果同一个尘埃穿透纸页，两面均能看见，按2个尘埃计算。

② 如果尘埃大于5.0 mm²，或超过产品标准规定的最大值，或是黑色尘埃，则取5 m² 试样进行测定。

（2）若结果以每平方米的尘埃面积表示，按下式进行计算，结果精确到一位小数。

$$S_D = \frac{\sum a_x \cdot A_x}{n} \times 16$$

式中　S_D——每平方米的尘埃面积，mm²/m²；

　　　a_x——每组面积的尘埃的个数；

　　　A_x——每组尘埃的面积，mm²；

　　　n——进行尘埃测定的试样张数。

第四节　卷烟纸中钾、钠金属元素的含量

▶▶▶▶▶▶▶▶▶

卷烟纸主要由植物纤维、无机填料以及助燃剂构成，是烟支产品的重要组成部分。它不仅具有包裹烟丝所能承受的力学强度，同时还要有合适的透气性、不透明度和阴燃速率等诸多物理指标。其中，含钾和钠金属元素的助剂虽然在卷烟纸中的含量很少，但是对卷烟产品的品吸效果可产生很大影响。如：钾和钠金属离子吸附在纤维上，对催化纤维热解有作用，能促进纤维素分子的裂解；柠檬酸钾和钠等有机盐能提高卷烟纸的透气度，加快卷烟烟气的稀释与扩散，降低卷烟主流烟气中的焦油和 CO 含量。因此，快速分析卷烟纸中钾和钠金属元素含量对于卷烟纸生产的工艺控制，优质卷烟纸的开发，起着重要的作用。

卷烟纸中钾和钠金属元素含量按照 GB/T 12658—1990《纸浆、纸和纸板中钾、钠含量的测定（火焰原子吸收光谱法）》的规定进行；而在 GB/T 12658—2008《纸、纸板和纸浆中钠含量的测定》这一版本中，采用火焰发射光谱法或火焰原子吸收光谱法测定纸张中钠含量，但是删减了钾元素的测定方法。为方便同时查询钾、钠两种元素含量测定方法和对比，故方法 1 为读者列举了 GB/T 12658—1990 中的方法。

方法 1

（一）测定原理

将试样灰化，并把灰溶解于盐酸中，将试验溶液吸入空气-乙炔火焰中，分别测量由钾空心阴极灯所发射的 766.5 nm 谱线的吸收值和钠空心阴极灯所发射的 588.9 nm 谱线的吸收值。

（二）试　剂

（1）标准钠溶液Ⅰ：准确称取经 110 ℃ 烘干 2 h 后的光谱纯氯化钠 1.2711 g 于 300 mL 的烧杯中，用蒸馏水溶解并移入 1000 mL 的容量瓶中，稀释至刻度，摇匀。贮存在聚乙烯塑料瓶中备用。此溶液每 1 mL 含 0.5 mg 钠。

（2）标准钠溶液Ⅱ：移取 20 mL 标准钠溶液Ⅰ于 1000 mL 容量瓶中，用蒸馏水稀释至刻度，混合均匀。每 1 mL 这种标准溶液含 0.01 mg 钠，此溶液当天用当天配。

（3）标准钾溶液Ⅰ：准确称取经 110 ℃ 烘干 2 h 的光谱纯氯化钾 0.9534 g 于 300 mL 的烧杯中，用蒸馏水溶解并移入 1000 mL 容量瓶中，稀释至刻度、摇匀。贮存在聚乙烯塑料瓶中备用。此溶液每 1 mL 含 0.5 mg 钾。

（4）标准钾溶液Ⅱ：移取 20 mL 标准钾溶液Ⅰ于 1000 mL 容量瓶中，用蒸馏水稀释至刻度，混合均匀。每 1 mL 这种标准溶液含 0.01 mg 钾。此溶液当天用当天配。

（5）盐酸：约 6 mol/L。

（6）原子化抑制电离试剂。

① 氯化铯溶液（当样品同时要测钾、钠时用）：称取分析纯的氯化铯 15.0 g 于 300 mL 烧杯中，用蒸馏水溶解后移入 1000 mL 容量瓶中，稀释至刻度，摇匀。贮存于聚乙烯塑料瓶中。

② 氯化钾溶液（当样品只测定钠时用）：称取优级纯的氯化钾 25 g 于 300 mL 烧杯中，用蒸馏水溶解后移入 1000 mL 容量瓶中，稀释至刻度，摇匀。贮存于聚乙烯塑料瓶中。

③ 氯化钠溶液（当样品只测定钾时用）：称取基准的氯化钠 25 g 于 300 mL 烧杯中，用蒸馏水溶解后移入 1000 mL 容量瓶中，稀释至刻度，摇匀。贮存于聚乙烯塑料瓶中。

（三）仪　器

① 一般实验室仪器；② 原子吸收分光光度计：配备有空气-乙炔燃烧器；③ 钾、钠空心阴极灯。

（四）样品采取和制备

纸浆样品按 GB/T 740 的规定进行。纸和纸板按 GB/T 450 的规定进行。应戴干净的手套拿取试样和撕碎样品，操作要小心拿取，防止污染试样。

（五）试验步骤

1. 标准曲线的绘制

（1）标准比较溶液的制备：分别向 6 个 50 mL 的容量瓶中加入 5 mL 盐酸、2.00 mL 抑制电离试剂溶液以及一定体积的标准钾和钠溶液。然后用蒸馏水稀释至刻度并混合均匀。钾和钠标准溶液可以配加在一起，也可以分开配。

（2）校正仪器：与铜含量的测量相同，但安装钾（或钠）空心阴极灯，调节波长为：钾在 766.5 nm，钠在 588.9 nm。

（3）绘制曲线：以钾的质量（mg）或以钠的质量（mg）为横坐标，以相应的吸收值作为纵坐标，绘制标准曲线。

2. 样品的测定

（1）试样的称取和灰化：每个样品称取 2 份，每份 10 g（称准至 0.01 g），如果样品的钾或钠含量已超过 10 mg/kg，则只称取 5 g。同时称取 2 份样品，按 GB/T 741 或 GB/T 462 测定样品的水分。将称好的试样放在铂金坩埚中（一般测定可以使用瓷釉亮而洁白的瓷坩埚代替），浆样按 GB/T 742、纸和纸板试样按 GB/T 463 灼烧成灰。

（2）灰的溶解和试验溶液的制备：仔细向坩埚中滴入几滴蒸馏水润湿灰后，加入 5 mL 盐酸溶解，在水浴上加热 2~3 min，移入 50 mL 容量瓶中，再用少量蒸馏水洗涤坩埚 3~4 次，洗涤液一并移入 50 mL 容量瓶中。向容量瓶中准确地加入 2 mL 抑制电离试剂溶液，然后用蒸馏水稀释至刻度，摇匀。

（3）校正仪器：与标准曲线的绘制中校正仪器操作相同。

（4）吸收值的测量：与标准曲线的绘制中吸收值的测量操作相同。

每次测定样品都要制备标准比较溶液，并同时测量吸收值。若样品液的吸收值超过比较液最大吸光值，可以将样品液适当按倍数稀释，并补加抑制电离试剂溶液即可。

（六）结果计算

钾或钠含量 X（mg/kg）按下式计算：

$$X = \frac{ma}{m_0} \times 1000$$

式中　a——稀释倍数；

　　　m——由标准曲线所查得的试验溶液的钾或钠含量，mg；

　　　m_0——绝干试样质量，g。

方法 2

目前，测定卷烟纸中金属元素钾和钠含量的主要方法是按照国标法原子吸收光谱法（AAS）进行的。由于 AAS 只能用于液体的检测，因此对于卷烟纸样品需先经过灰化处理，并使其 K 和 Na 离子完全溶于盐酸中才能进行检测。为了避免样品中其他离子（如铯离子）的干扰，还需要加入合适的掩蔽剂至上述盐酸中，以减小对检测结果准确性的影响。很显然，该方法的主要缺点是样品预处理的操作繁琐耗时，而且不能同时对 K 和 Na 元素进行分析。离子色谱法（IC）是一种根据物质在离子交换柱上具有不同的迁移率而将物质分离并进行自动检测的分析方法。与 AAS 相比，IC 不需要在检测试液中添加掩蔽剂，并能对 K 和 Na 元素同时进行分析。电感耦合等离子体质谱（ICP-MS）是一种使待测溶液雾化再被氩原子高能等离子体解离并用质谱仪检测的方法，可以同时对样品溶液中的多种金属离子进行检测。因此，与 AAS 法相比它能够大大缩短样品检测的时间。然而，不论是 IC 还是 ICP 法，它们都是建立在溶液检测基础上的方法。因此对固体样品，这些方法仍然需要进行与 AAS 类似的繁琐、耗时的预处理步骤。

X 射线能谱仪（EDS）具有对材料表面的微区元素成分进行快速分析的特点，已成为材料领域中一种表征金属材料表面元素种类、含量和分布的手段。EDS 具有探测效率高，分析样品速度快，灵敏度高和操作简单等诸多优势，所以在材料分析中应用十分广泛，如金属镀层的成分分析以及材料表面的微区和断口分析等。因此，采用 EDS 对卷烟纸构成中各类助剂中携带的金属元素进行检测具有理论上的可行性。

本节利用 EDS 定量分析对卷烟纸中 K 和 Na 元素的含量进行了可行性研究。通过对国内外 17 种卷烟纸中表面的 K 和 Na 元素含量进行测定，以及采用传统的 AAS 方法对这些卷烟纸中主要金属元素含量进行了定量检测，并以此为依据，寻找对这些主要金属元素 EDS 和 AAS 定量检测结果的关联，从而确立了通过快速的 EDS 表面分析实现对卷烟纸中 K 和 Na 元素含量测定的方法。本研究将为烟草行业对卷烟纸品质的质量评价，提供一种高效、简便的分析手段。

（一）实验部分

1. 实验原料和仪器

17 种卷烟纸，X 射线能谱仪（ZEISS EVO18），原子吸收光谱仪（Agilent DUO AA）。

2. 卷烟纸的 EDS 分析

EDS 样品分析：取 2 mm×2 mm 面积的风干卷烟纸，不进行镀金处理，在扫描电镜中观察卷烟纸表面的纤维和填料的分布情况，选择合适的区域进行能谱数据的采集。

3. 卷烟纸的 AAS 分析

将卷烟纸样品灰化，并把灰分溶于盐酸中，在加入铯离子等抑制某些干扰物后，将溶液吸入空气-乙炔火焰中，分别收集 K 和 Na 元素空心阴极灯所发射的对应谱线的吸收值。最后由标准曲线计算出卷烟纸中 K 和 Na 元素的实际浓度。

（二）结果与讨论

1. 能谱分析固体材料表面元素的基本原理

X 射线能谱仪的工作原理是利用不同元素所激发的特征 X 射线的能量的不同来对元素进行定性和定量分析。特征 X 射线的能量等于电子参与跃迁所在相关层间的临界激发能之差，而临界激发能是电子从各自所在层激发出来所需要的最小能量。原子核和各层电子间的结合能是固定的，即临界激发能也是固定的。特征 X 射线的能量 E 与样品的原子序数 Z 存在如下的函数关系：

$$E = A \times (Z - A)^2 \tag{3-1}$$

式中 A——与 X 射线谱线有关的常数。

因此，通过式（3-1）可知，只要检测出某个特征 X 射线的能量，即可计算和检测出对应的原子序数和元素。

2. EDS 的卷烟纸样品图及金属元素 K 和 Na 数据图

图 3-1 为典型的采集 EDS 数据时卷烟纸表面的扫描电镜图。其中，红色方框内为 EDS 检测的卷烟纸区域。图 3-2 为检测区域的 EDS 能谱数据图。由图 3-2 中可得出，EDS 能够检测出卷烟纸表面的 K 和 Na。

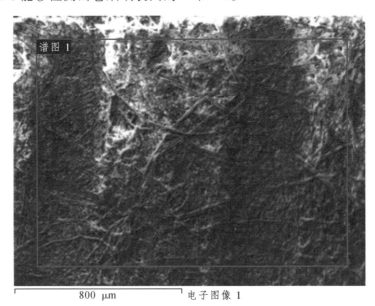

图 3-1　EDS 的卷烟纸样品图

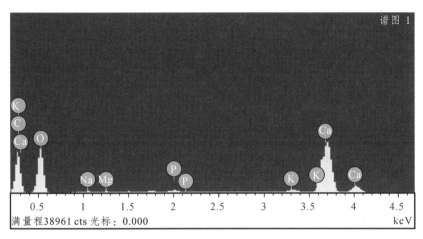

图 3-2 卷烟纸的 EDS 图

3. 对 17 种卷烟纸表面 K 和 Na 的 EDS 测定结果

对 17 种卷烟纸表面 K 和 Na 测定的 EDS 数据如图 3-3 所示。由图可知，这 17 种卷烟纸表面 K 和 Na 的相对含量有差异，表明这些卷烟纸中助燃剂的添加量是有区别的。很显然，表面金属元素的相对含量与卷烟纸中它们的总含量之间存在一定的关系，因此这种关系得到确立，即可以建立一种基于 EDS 分析，对卷烟纸中 K 和 Na 元素含量进行快速测定的方法。

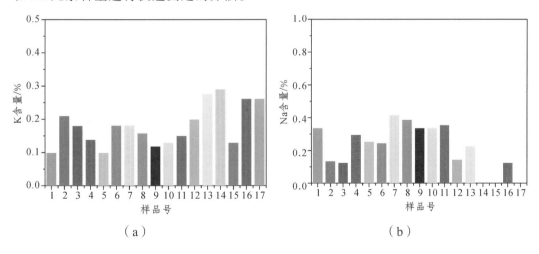

图 3-3 17 种卷烟纸表面金属元素 K 和 Na 的 EDS 测定结果

4. 基于 EDS 定量测定卷烟纸中 K 和 Na 方法的建立和评价

本节基于传统的 AAS 方法对卷烟纸中金属 K 和 Na 元素的含量进行了测定。由上述可知，EDS 能够快速分析卷烟纸表面金属元素的相对含量，AAS 方法可以准确检测卷烟纸中金属元素的实际总含量。图 3-4 是基于 EDS 定量分析的表面 K 和 Na 元素含量和基于 AAS 定量分析样品中总的 K 和 Na 元素含量的结果所作的关系图。

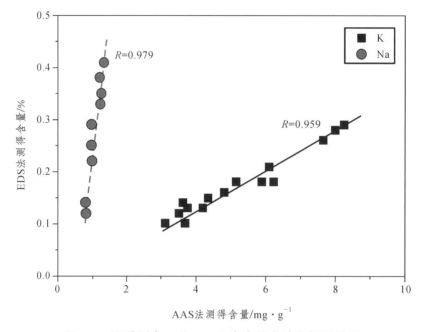

图 3-4　两种测定 K 和 Na 元素含量方法之间的关系

由图 3-4 中的结果可知，对卷烟纸中 K 和 Na 而言，这两种方法所获得数据存在着很好的相关性（其相关系数 R 分别为 0.979 和 0.959）。它们的关系方程可分别写作为

$$C_K = 27.28c_K + 0.4805 \qquad (3\text{-}2)$$
$$C_{Na} = 1.7926c_{Na} + 0.5763 \qquad (3\text{-}3)$$

式中　C_K、C_{Na}、c_K 和 c_{Na}——应用 AAS 和 EDS 能谱法测定的卷烟纸中 K 和 Na 元素含量。

另外，为了研究 EDS 方法检测卷烟纸张中 K 和 Na 元素含量的精确度，本节对四种卷烟纸样品进行 3 次重复检测，结果如表 3-1 所示，其检测结果的相对标准偏差（RSD）小于 4.95%，表明该方法具有较高的精确度。因此，基于式（3-2）和式（3-3），即可利用 EDS 能谱法快速测定卷烟纸中 K 和 Na 元素的实际含量，以代替繁琐、耗时的 AAS 方法。

表 3-1　EDS 法的重现性

元素种类	样品编号	重复次数			平均值	相对标准偏差/%
		1	2	3		
K	1	0.12	0.11	0.12	0.12	4.95
	2	0.25	0.26	0.25	0.25	2.28
	3	0.41	0.40	0.43	0.41	3.70
	4	0.33	0.32	0.33	0.33	1.77
Na	1	0.16	0.17	0.17	0.17	3.46
	2	0.13	0.13	0.13	0.13	0.00
	3	0.29	0.29	0.28	0.29	2.01
	4	0.21	0.22	0.22	0.22	2.66

卷烟纸中钙、镁元素的含量
▶▶▶▶▶▶▶▶▶▶

卷烟纸主要由植物纤维、无机填料以及助燃剂构成，是烟支产品的重要组成部分。卷烟纸中的钙元素主要来自碳酸钙填料，它对卷烟纸的物性参数如白度、透气度、阴燃速率等具有重要影响。卷烟纸中的镁元素可以调节卷烟纸的阴燃速率，改善燃烧外观质量。因此，卷烟纸中金属元素 Ca、Mg 含量测定对于卷烟纸生产的工艺控制具有重要的意义。

卷烟纸中钙、镁含量的测定按照 GB/T 8943.4—2008《纸、纸板和纸浆钙、镁含量的测定》的规定进行。GB/T 8943.4—2008 规定了两个方法，即 EDTA 配合滴定法（方法 A）和火焰原子吸收分光光度法（方法 B），测定纸、纸板和纸浆中钙、镁的含量，仲裁时应采用火焰原子吸收分光光度法（方法 B）。

方法 A：EDTA 配合滴定法

（一）测定原理

将样品灰化，把残余物（灰分）溶解于盐酸中，并稀释到一定体积。取其中的一部分溶液调节至 pH=12，以钙指示剂，用 EDTA 标准溶液滴定，由标准溶液的消耗量来计算样品的钙含量。

另取一部分溶液用氨缓冲液调至 pH=10。以 KB 指示剂（一种酸性铬蓝 K 的混合指示剂），用 EDTA 溶液滴定，消耗 EDTA 溶液的体积为钙、镁消耗量的总和。

由总量与钙所消耗 EDTA 量的差值来计算样品中的镁含量。

（二）试　剂

测试用的所有试剂应该是分析纯级（AR）；测试用的水应该是蒸馏水或去离子水。

（1）EDTA 标准溶液：c(EDTA)=1/56 mol/L，溶解 6.635 g EDTA（$C_{10}H_{14}O_8N_2Na_2 \cdot 2H_2O$）（GB 1401）于蒸馏水中，并稀释至 1 L。

（2）锌标准溶液：称 1 g 分析纯金属锌粒（称准至 0.1 mg）于 150 mL 锥形瓶中，加入 6 mol/L 盐酸 10～20 mL 使其完全溶解，移入 1 L 容量瓶中，用蒸馏水稀释至刻度，并按下式计算锌标准溶液的浓度。

$$c = \frac{m}{65.38}$$

式中　c——锌标准溶液的浓度，mol/L；

　　　m——称取金属锌粒的质量，g。

（3）EDTA 标准溶液浓度的标定：吸取 20.00 mL 锌标准溶液于 250 mL 锥形瓶中，加蒸馏水约 50 mL，加几滴氨水至微弱氨味，再加入 10 mL 氨缓冲溶液和 0.2 g 左右的 KB 指示剂，在不断摇荡下，用 EDTA 溶液滴定至蓝色，并计算其浓度。

（4）KB 指示剂：1 g 酸性铬蓝 K、2.5 g 萘酚绿 B 和 175 g 氯化钠研磨均匀，贮存于棕色瓶中。

（5）钙红指示剂：1 g 钙红指示剂[2-羟基-1-(2 羟基-4 磺酸基-1 萘基)偶氮-3-萘甲酸]与 100 g 硫酸钠研磨均匀，贮于棕色瓶中。

（6）三乙醇胺溶液：50 mL 三乙醇胺加 50 mL 蒸馏水稀释。

（7）盐酸羟胺溶液：溶解 5 g 盐酸羟胺，并用蒸馏水稀释至 250 mL。

（8）氢氧化钾溶液：约 8 mol/L，贮于聚乙烯塑料瓶中。

（9）氨缓冲溶液：54 g 氯化铵和 350 mL 浓氨水溶解混合，并用蒸馏水稀释至 1 L。

（10）盐酸：约 $c(HCl)=6$ mol/L。

（11）硝酸溶液：约 $c(HNO_3)=5$ mol/L，量取 325 mL 浓硝酸，$\rho_{20}=1.4$ g/mL，用 500 mL 蒸馏水稀释。

（三）仪　器

（1）一般实验室仪器。

（2）坩埚或蒸发皿：需要用盐酸浸泡，反复洗涤干净。最好用铂金器皿，其污斑应用细砂擦洗干净。

（四）试样的采取和制备

纸样的采取按照 GB/T 450—2008 进行。

将风干样品撕成适当大小的碎片，制备样品时应戴上手套，不应采用剪切、穿孔或其他可能发生金属污染的工具制备样品。

（五）试验步骤

1. 试样的称取和灰化

每个样品称取 10 g（准确至 0.01 g）试样两份，同时按 GB/T 741—2003 或

GB/T 462—2008 测定试样的水分。将称好的试样放在坩埚中，按 GB/T 742—2018 灼烧成残余物（灰分）。

2. 试液的制备

向样品残余物（灰分）中加入约 10 mL 水，然后加 3 mL 盐酸，将坩埚置于蒸气浴上加热 5 ~ 10 min。如果产生二氧化锰的棕色沉淀，则用滤纸将坩埚中的内容物滤入 100 mL 的容量瓶中，并用水洗涤。如果未发现不溶残渣或残渣为无色，则不必过滤。在这种情况下，可直接用水将坩埚中的内容物洗至 100 mL 的容量瓶中，并用水稀释至刻度。

3. 钙的测定

用移液管移取一定量的试液(20 mL 或 25 mL)于 250 mL 锥形瓶中，并加入 5 mL 氢氧化钾溶液。5 min 后，在不时摇动锥形瓶的情况下，加入 5 mL 三乙醇胺溶液、2 mL 的盐酸羟胺溶液和大约 0.1 g 钙红指示剂，再用 EDTA 标准溶液进行滴定，使溶液的颜色由酒红色变成纯蓝色为止，记下消耗 EDTA 标准溶液的体积 V_1。

4. 镁的测定

用移液管移取一定量的试液（20 mL 或 25 mL）于 250 mL 锥形瓶中，并加入 10 mL 氨缓冲溶液。在不时摇动锥形瓶的情况下，加入 5 mL 三乙醇胺溶液、2 mL 盐酸羟胺溶液和大约 0.1 g KB 指示剂，再用 EDTA 标准溶液进行滴定，使溶液的颜色由酒红色变成纯蓝色为止，记下消耗 EDTA 标准溶液的体积 V_2。V_2 为钙、镁消耗 EDTA 标准溶液的总和。由 V_2 减去 V_1 得出 V_3，V_3 为试液中镁消耗 EDTA 的体积。

5. 空白测定

在测定试样的同时，应进行空白试验。空白试验应采用与测定试样时的同样步骤，和测定试样时同样数量的所有试剂，只是试样溶液用同体积的蒸馏水代替。然后分别测定钙、镁空白试验所消耗的 EDTA 标准溶液体积，钙空白时消耗的 EDTA 的体积记作 V_4，镁空白时消耗 EDTA 的体积记作 V_5。

（六）结果的表示

试样中钙和镁的含量以 mg/kg 表示，按下式计算：

$$X_1 = \frac{V_1 - V_4 \cdot c \times 40.08 \times 10^3}{m_0}$$

$$X_2 = \frac{V_3 - V_5 \cdot c \times 24.31 \times 10^3}{m_0}$$

式中　X_1——试样的钙含量，mg/kg；

　　　X_2——试样的镁含量，mg/kg；

　　　V_1——测定钙时消耗 EDTA 标准溶液体积，mL；

　　　V_3——测定镁时消耗 EDTA 标准溶液体积，mL；

　　　V_4——测定钙空白时消耗 EDTA 标准溶液体积，mL；

　　　V_5——测定镁空白时消耗 EDTA 标准溶液体积，mL；

　　　c——EDTA 标准溶液的浓度，mol/L；

　　　m_0——试样的绝干质量，g。

以两次测定结果的平均值，按表 3-2 的规定报告钙、镁含量的结果。

表 3-2　钙、镁含量测定结果　　　　　　　单位：mg/kg

结果平均值	报告的精确单位
≤100	1
>100 ～ 500	5
>500	10

注：① 例行检测可以用瓷坩埚，仲裁有争议的样品时应用铂金坩埚。

　　② 溶解试样的残余物（灰分）用盐酸或硝酸均可。对于锰含量高的试样，用硝酸比较好，可以分离出二氧化锰沉淀，有助于消除锰在滴定中的干扰。

　　③ 当样品中含铜量超过 0.03 mg 时，指示剂变化将会不明显，甚至失效。在这种情况下，滴定时可以加入 1 g/L 的氰化钾溶液 5 mL，以掩蔽所存在的铜，或加入浓度为 2 g/L 的硫化钠溶液 5 mL，使铜生成硫化铜沉淀，以消除铜的干扰。

方法 B：火焰原子吸收分光光度法

（一）测定原理

将纸浆样品灰化，并把残余物（灰分）溶解于盐酸中。在加入锶离子（或镧离子）抑制某些干扰物质后，将试样溶液吸入一氧化二氮-乙炔或空气-乙炔火焰中。测定由钙空心阴极灯所发射的 422.7 nm 谱线的吸收值，以及由镁空心阴极灯所发射的 285.2 nm 谱线的吸收值。

（二）试 剂

测试用的所有试剂应该是分析纯级（AR）；测试用的水应该是蒸馏水或去离子水。

（1）HCl溶液：约 6 mol/L。

（2）氯化锶溶液：5%。称取 152.14 g 氯化锶（$SrCl_2 \cdot 6H_2O$）（AR 或优级纯）置于 250 mL 烧杯中。用水溶解后转移至 1000 mL 容量瓶中，用水稀释至刻度，并混合均匀。此溶液用于抑制一氧化二氮-乙炔火焰法中钙的电离。当使用空气-乙炔火焰法时，不需要此溶液。

（3）氧化镧溶液：约 50 g/L。用水润湿 59 g 氧化镧（La_2O_3）。缓慢而仔细地加入 250 mL 浓盐酸（20 ℃ 密度为 1.19 g/cm³），使氧化镧溶解。转移至 1000 mL 容量瓶中，用水稀释至刻度，并混合均匀。此溶液用于消除空气-乙炔火焰法测定钙含量中的磷酸盐的干扰。当使用一氧化二氮-乙炔火焰法时，不需要此溶液。

（4）标准钙溶液 I：500 mg/L。称取已于温度不超过 200 ℃ 干燥过的碳酸钙 1.249 g±0.001 g 置于 1000 mL 容量瓶中。加 50 mL 水，然后一滴一滴地加入使碳酸钙完全溶解的最小体积的盐酸（大约 10 mL），用水稀释至容量瓶刻度，并混合均匀。1 mL 此标准溶液含有 0.500 mg 钙。

（5）标准钙溶液 II：50 mg/L。移取 100 mL 标准钙溶液 I 于 1000 mL 容量瓶中，用水稀释至刻度，并混合均匀。1 mL 此标准溶液含有 0.050 mg 钙。

（6）标准镁溶液 I：500 mg/L。称取 0.5000 g 镁条于 1000 mL 容量瓶中，加入 50 mL 6 mol/L 的盐酸溶解，并用水稀释至刻度，混合均匀。1 mL 此标准溶液含有 0.500 mg 镁。

（7）标准镁溶液 II：10 mg/L。移取 20 mL 标准镁溶液 I 于 1000 mL 容量瓶中，用水稀释至刻度，并混合均匀。1 mL 此标准溶液含有 0.010 mg 镁。

（三）仪 器

（1）一般实验室仪器。

（2）原子吸收分光光度计：配备有钙、镁空心阴极灯和乙炔器。

（3）坩埚或蒸发皿：需要用盐酸浸泡反复洗涤干净。最好用铂金器皿，其污斑应用细砂擦洗干净。

（四）试样的采取和制备

与方法 A 中相同。

（五）试验步骤

1. 试样的称取和灰化

与方法 A 中相同。

2. 试样残余物（灰分）的处理

先向残余物（灰分）中加入几滴蒸馏水润湿后，再加入 5 mL 盐酸，并在蒸气浴上蒸发至干。如此重复一次，然后用 5 mL 盐酸处理残渣，并在蒸气浴上加热 5 min。用水将坩埚里的内容物移入 100 mL 的容量瓶中。为了保证完全抽提，再向每只坩埚中的残渣加入 5 mL 盐酸，并在蒸气浴上加热，用水将此最后一部分内容物移入容量瓶中，与主要的试样溶液合并在一起，用水稀释至容量瓶刻度并混合均匀。

3. 标准比较溶液的制备

分别向 6 个 100 mL 的容量瓶中加入 5%的氯化锶溶液 4 mL 或氯化镧溶液 20 mL，再加 6 mol/L 盐酸 10 mL，然后按表 3-3 所示的体积分别加入钙标准溶液 Ⅱ 或者镁标准溶液 Ⅱ。

4. 试液的配制

用移液管移取一定体积（V_x）的试液于 50 mL 的容量瓶中，使钙或镁含量符合表 3-3 的规定范围。如果不知道样品的钙、镁含量，V_x 可以通过原子吸收预先测量，如移 1.0 mL、2.0 mL 或 5.0 mL 与标准比较溶液一起进行初步测量，或者移出 20 mL 用方法 A 测定出大概含量。然后加入 5%氯化锶溶液 2 mL 或氧化镧溶液 10 mL，再加 HCl 溶液 5 mL，用水稀释至刻度。如果溶液含有悬浮物，需待悬浮物下沉后进行光谱测量。

表 3-3 测定时加入的钙、镁标准溶液量

序号	钙标准溶液 Ⅱ		镁标准溶液 Ⅱ	
	体积/ mL	相当钙的质量/mg	体积/ mL	相当镁的质量/mg
1[a]	0	0	0	0
2	2	0.10	2	0.02
3	4	0.20	4	0.04
4	6	0.30	6	0.06
5	8	0.40	8	0.08
6	10	0.50	10	0.10
[a]标准曲线用的试剂空白实验。				

5. 校正仪器

将钙（或镁）空心阴极灯安装在原子吸收分光光度计的灯座上，按仪器规定的操作步骤开启仪器，接通电流并使电流稳定。根据仪器测定条件调节波长：钙在 422.7 nm，镁在 285.2 nm，在其波长范围内调节至最大吸收值。然后根据仪器特性（每台仪器都提供有测试参考条件）将电流、灵敏度、狭缝、燃烧头高度、燃气/助燃气比、气流速度、吸入量等调至测试的规定条件。

6. 吸收值测量

待仪器正常且火焰燃烧稳定后，依次将标准比较溶液吸入火焰中，并测量每一个溶液的吸收值。测量时应以空白溶液做对照，将仪器的吸收值调节为零，然后测量其余的试样溶液。在标准曲线的制备过程中，应注意保持仪器使用条件的恒定。每次测量之后，应吸蒸馏水清洗燃烧器。

标准曲线系列吸收值的测定应与试样溶液吸收值的测定同时进行，以克服实验条件变化引起的误差。

7. 绘制曲线

以每 100 mL 标准比较溶液所含有的钙或镁的质量（以 mg 计）作为横坐标，以所得的相应吸收值为纵坐标，绘制标准曲线。

（六）结果计算

用样品试液的吸收值在标准曲线上查得对应的钙或镁的质量（mg），并用下式计算其含量，以 mg/kg 试样表示：

$$x = 50\,000 \times \frac{m}{V \cdot m_0}$$

式中　x——试样中钙或镁的含量，mg/kg；

　　　50 000——释样和换算因子；

　　　m——标准曲线所查得试样溶液的含钙或镁质量，mg；

　　　V——移取试样溶液进行吸收值测量的体积，mL；

　　　m_0——试样的绝干质量，g。

用两次测定结果的平均值，按表 3-4 的规定报告结果。

表 3-4 钙、镁含量测定结果　　　　　　　单位：mg/kg

结果平均值	报告的精确单位
≤100	1
>100～500	5
>500	10

第六节 卷烟纸中柠檬酸根离子、磷酸根离子和醋酸根离子的含量

根据烟草行业标准 YC/T 275—2008《卷烟纸中柠檬酸根离子、磷酸根离子和醋酸根离子的测定 离子色谱法》(具体内容如下)的规定进行。

1 范 围

本标准规定了卷烟纸中柠檬酸根离子、磷酸根离子和醋酸根离子的测定方法——离子色谱法。

本标准适用于卷烟纸中柠檬酸根离子、磷酸根离子和醋酸根离子的测定。

本标准柠檬酸根离子检出限为 0.032 mg/g，定量限为 0.105 mg/g；磷酸根离子检出限为 0.046 mg/g，定量限为 0.153 mg/g；醋酸根离子检出限为 0.025 mg/g，定量限为 0.084 mg/g。

2 规范性引用文件

下列文件中的条款通过本标准的引用而成为本标准的条款。凡是注日期的引用文件，其随后所有的修改单(不包括勘误的内容)或修订版均不适用于本标准，然而，鼓励根据本标准达成协议的各方研究是否可使用这些文件的最新版本。凡是不注日期的引用文件，其最新版本适用于本标准。

GB/T 462 纸、纸板和纸浆分析试样水分的测定（GB/T 462—2008；ISO 287:1985，MOD；ISO 638:1978，MOD）

GB/T 6682 分析实验室用水规格和试验方法（GB/T 6682—2008，ISO 3696:1987，MOD）

GB/T 12655 卷烟纸

3 原 理

用去离子水超声提取卷烟纸中的柠檬酸根离子、磷酸根离子和醋酸根离子，然后经离子过滤，通过离子色谱分离柠檬酸根离子、磷酸根离子和醋酸根离子，采用电导检测器检测。

4 试 剂

除特别要求以外，均应使用分析纯级试剂。

4.1 去离子水，应符合 GB/T 6682 中的规定，$R>18$ MΩ。

4.2 二水合柠檬酸钠、十二水合磷酸钠和无水醋酸钠，纯度均应大于97%。

4.3 氢氧化钠，纯度大于99%。

4.4 标准储备液：在 100 mL 烧杯中分别称量二水合柠檬酸钠、十二水合磷酸钠和无水醋酸钠（4.2）0.3112 g、0.8000 g 和 0.1390 g，准确至0.0001 g，加入约 30 mL 去离子水（4.1）完全溶解后，全部转移至 100 mL 的容量瓶中。再用去离子水（4.1）洗涤烧杯，全部转移至 100 mL 的容量瓶中，定容至刻度，该标准储备液柠檬酸根、磷酸根和醋酸根的浓度分别为 2000 μg/mL、2000 μg/mL 和 1000 μg/mL，置于 4 ℃ 冰箱中冷藏保存；可存放四周。

4.5 一级标准溶液：移取 10 mL 标准储备液（4.4）至 100 mL 容量瓶中，用去离子水（4.1）定容至刻度。该一级标准溶液应在使用前配制。

4.6 柠檬酸盐、磷酸盐和醋酸盐校准溶液：分别准确移取 1 mL、2 mL、5 mL、10 mL、20 mL 一级标准溶液（4.5）至 50 mL 容量瓶中，用去离子水（4.1）定容至刻度。此五个校准溶液为系列校准溶液。该系列校准溶液应在使用前配制。

5 仪器及条件

常用实验仪器以及下述各项。

5.1 分析天平，精确至 0.0001 g。

5.2 离子色谱仪，配有柱温箱、电导检测器，具有梯度淋洗功能。

推荐色谱柱：IonPac AS15 4×250 mm（分析柱）；IonPac AG15 4×50 mm（保护柱）。

5.3 水相滤膜，0.45 μm。

5.4 超声波振荡器。

5.5 高速离心机。

5.6 烘箱，控温精度±1 ℃。

5.7 移液管。

5.8 容量瓶。

6 抽 样

抽取符合 GB/T 12655 的卷烟纸试样，每种卷烟纸取样不少于 50 g。抽取样品时，注意均匀取样，同时戴手套，防止汗渍等污染样品。

7 分析步骤

7.1 样品水分测定

按 GB/T 462 测定试样水分含量。

7.2 样品萃取

截取适当长度的卷烟纸，剪碎。准确称量 0.5 g 的卷烟纸（精确至 0.1 mg）至 100 mL 的锥形瓶中，用移液管准确加入 40 mL 去离子水（4.1），超声萃取 30 min（温度不超过 40 ℃）。取适量溶液离心后，过 0.45 μm 滤膜，进离子色谱仪分析。

注：若待测试样溶液的浓度超出标准工作曲线的浓度范围，则稀释萃取液后重新测定。

7.3 离子色谱仪

按照仪器说明书操作离子色谱仪。以下分析条件可供参考，采用其他条件应验证其适用性。

色谱柱：IonPac AS15 4×250 mm 4 mm（分析柱）；IonPac AG15 4×50 mm，4 mm（保护柱）。

淋洗液来源：EG50 淋洗液发生器或配制的氢氧化钠水溶液。

淋洗液梯度表，见表 1。

表 1 淋洗液梯度表

时间/min	OH^-/（mmol/L）
0.0	0
2.0	2
35.0	2
65.0	50
75.0	50
80.0	0
85.0	0

抑制器：ASRS 3004 mm。

柱温：30 ℃。

柱流量：1.2 mL/min。

进样体积：25 μL。

典型卷烟纸样品色谱图参见附录 A 中的图 A.2。

7.4 测定

用离子色谱仪（7.3）测定一系列校准溶液（4.6），得到柠檬酸根、磷酸根和醋酸根的积分峰面积，用峰面积作为纵坐标，柠檬酸根、磷酸根和醋酸根浓度作为横坐标分别建立校正曲线。对校正数据进行线性回归，$R^2 \geqslant 0.99$。测定卷烟纸样品，由样品中柠檬酸根、磷酸根和醋酸根的峰面积计算每一个卷烟纸样品中柠檬酸根、磷酸根和醋酸根的浓度。

8 结果计算

卷烟纸样品中柠檬酸根、磷酸根和醋酸根的含量，按照式（1）计算得出：

$$P = \frac{c \times 40}{m \times (1-w)} \qquad (1)$$

式中 P——卷烟纸样品中柠檬酸根、磷酸根和醋酸根的含量，单位为毫克每克（mg/g）；

c——萃取样品中柠檬酸根、磷酸根和醋酸根的浓度，单位为毫克每毫升（mg/mL）；

40——萃取溶液体积，单位为毫升（mL）；

m——卷烟纸样品的质量，单位为克（g）；

w——试样的水分含量，%。

每个样品应平行测定两次。以两次测定的平均值作为测定结果，结果精确至 0.01 mg/g。平行测定的相对偏差应小于 10%。

9 精密度、回收率和检出限

本方法的精密度、回收率和检出限试验研究结果参见附录 B。

10 测试报告

测试报告应注明引用本标准。

测试报告应包含采用的方法和得到的结果，应分别列出柠檬酸根离子、磷酸根离子和醋酸根离子的含量（mg/g）。

测试报告应包含样品信息。

测试报告应包含实验人员和实验日期。

附录 A

（资料性附录）

色谱图

A.1 柠檬酸根离子、磷酸根离子和醋酸根离子标样的离子色谱图，
见图 A.1。

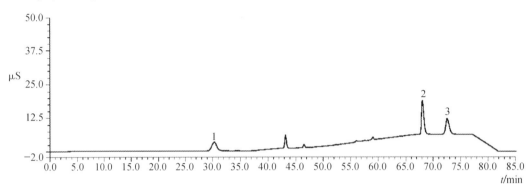

1—醋酸根；

2—磷酸根；

3—柠檬酸根。

图 A.1 柠檬酸根离子、磷酸根离子和醋酸根离子标样的离子色谱图

A.2 典型卷烟纸中柠檬酸根离子、磷酸根离子和醋酸根离子的离子
色谱图，见图 A.2。

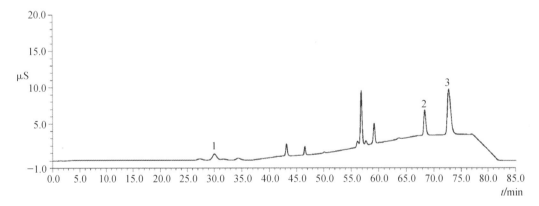

1—醋酸根；

2—磷酸根；

3—柠檬酸根。

图 A.2 典型卷烟纸中柠檬酸根离子、磷酸根离子和醋酸根离子的离子色谱图

附录 B

（资料性附录）

方法的精密度、回收率

方法的精密度、回收率试验研究结果，见表 B.1。

表 B.1　方法的精密度、回收率试验研究结果（*n*=6）

| 化合物 | 低浓度 | | 中浓度 | | 高浓度 | | 变异系数/% |
	加入量/（mg/g）	回收率/%	加入量/（mg/g）	回收率/%	加入量/（mg/g）	回收率/%	
醋酸根	0.80	100.8	1.60	98.3	3.20	100.7	4.19
磷酸根	0.80	92.4	1.60	102.0	3.20	99.9	2.42
柠檬酸根	0.80	95.4	1.60	101.1	3.20	96.6	5.61

第七节　卷烟纸的碳酸钙含量

　　碳酸钙（$CaCO_3$）是一种广泛应用于造纸工业的无机填料。在造纸过程中，添加一定量的碳酸钙可以提高纸张的某些物理性能，如亮度、不透明度和光滑度，这些性能可以有效改善纸张的印刷性能。与滑石粉，高岭土和二氧化钛等填料相比，碳酸钙填料可以提高纸张的透气性和控制燃烧的速率，所以它大量应用于轻薄型的卷烟纸制造中。一方面，由于碳酸钙的价格相对低廉，增加卷烟纸中碳酸钙添加量可以减少植物纤维的使用，降低卷烟纸的经济成本。但另一方面，纸张中的碳酸钙含量过高会降低纸张中纤维的交织程度，导致纸张强度变低，影响其工业生产。因此，开发一种可以高效、准确地检测纸张中碳酸钙含量（留着率）的方法，对提高纸张产品的质量和减少环境的影响具有重要意义。

　　目前，检测纸张中 $CaCO_3$ 含量的方法主要是重量（或灰分）法。通过称量纸张燃烧前后的差重，即可计算出纸张样品中碳酸钙的含量。这种方法存在两个问题：一是整个检测过程的耗费时间长；二是纸张中的其他无机填料，如高岭土和 TiO_2 等，会干扰其测量，导致纸张中 $CaCO_3$ 含量的测定结果偏高。为了克服这些干扰问题，有学者通过检测 Ca^{2+} 含量的方法来计算出碳酸钙的含量，如原子吸收光谱法和配合滴定法。这两种方法的原理是首先酸化纸张燃烧后的灰分，然后利用原子吸收光谱法或配合滴定法检测溶液中的 Ca^{2+} 含量。除了样品预处理程序繁琐耗时，这两种方法的主要问题是：由于纸张中的其他金属离子，如 Fe^{2+} 和 Mg^{2+}，经过酸化预处理后也会存在于溶液中，在后续检测过程中需要寻找和添加合适的掩蔽剂以减少其对 Ca^{2+} 测量的干扰。这样会增加实验成本和实验过程中的不确定性。

　　顶空气相色谱法是一种有效测定复杂样品基体中挥发性物质的技术。它的优点之一是在保证非常高检测效率的同时，不需要或仅需要少量的样品预处理。在 2001 年，柴欣生教授提出了利用 HS-GC 法测定制浆废液中（也称黑液）碳酸盐的含量，这种方法的原理是加酸酸化碳酸盐固体样品，随后利用 TCD 检测器检测生成的 CO_2 气体，最后通过矫正曲线计算出废液中碳酸根的含量。利用这种相转化概念，柴欣生等人开发了多种 HS-GC 方法来定量检测复杂样品基质中目标分析物的含量，如木材纤维中的羧基含量、木素中的羰基含量、废水中的草酸盐和过氧化氢含量。在研究中发现，利用 HS-GC 方法检测时，顶空瓶中样品的加入量必须很小，否则顶空瓶顶部部分气体物质（如 CO_2）的总压力过高会影响检测的准确度。因此，在 HS-GC 方法中仅使用非常小的样品尺寸，如 36 mm×10 mm 或 0.01 g 的纸张。但是，由于卷烟纸中碳酸钙分散不均匀，取样量太小会影响样品的代表性。虽然这种不均匀的问题可以通过将纸张溶于水，打散、搅拌，然后用取部分样品进行检测来进行克服，但这样整个检测过程会更加复杂和耗时，误差也会增多。

因此，本节提出了相转换-压力效应的顶空分析技术来测定纸张中的 $CaCO_3$ 含量，这种方法的原理是：纸张样品中碳酸钙酸化生成大量的 CO_2 会导致顶空部分中氧气压力的发生变化，通过测定氧气的信号来间接计算出纸张中碳酸钙的含量。本研究的重点是建立方法的理论依据，并探索了实验相关的最佳工艺条件。

一、实验部分

1. 材料和药品

卷烟纸样品。

实验中的碳酸钠、硫酸、盐酸均为分析纯，用水为实验室自制去离子水。

标准硫酸溶液的浓度为 2 mol/L。

配制一系列的碳酸钠标准溶液：0.1，0.2，0.3，0.4，0.5，0.6，0.7，0.8，0.9 和 1.0 mol/L。

2. 仪器和设备

顶空自动取样器（TriPlus 300，Thermo Fisher），带热导检测器的安捷伦 GC 7890 型气相色谱仪（美国 Agilent 公司），GS-Q 型毛细管色谱柱（30 m × 0.53 mm，J&W Scientific，US），分析天平（Sartorius BSA-124SCW，Germany），移液枪，移液枪枪头，顶空瓶（21.6 mL），可耐 125 °C 温度的聚四氟乙烯硅橡胶密封垫片。小瓶子的体积 5 mL。

3. 仪器操作条件

顶空自动进样器操作条件：平衡时间 8 min，平衡温度为 60 °C。顶空样品瓶中载气平衡时间 0.2 min，管路充气时间 0.2 min，管路平衡时间 0.2 min，定量环体积 3.0 mL。摇晃等级设置为剧烈摇晃。气相色谱运行条件：进样口温度 200 °C，柱箱温度 105 °C，氮气流速 3.8 mL/min，检测时间 3.8 min，分流比为 0.1：1。

4. 样品制备和检测

将不同面积或重量的卷烟纸样品置于顶空瓶（21.6 mL）中，随后将 5 mL 硫酸溶液（2 mol/L）放于顶空瓶中的小塑料瓶内。顶空瓶密封完成后，倒置使小瓶中的硫酸溶液与纸张样品接触并完全反应。随后将顶空瓶放至顶空自动进样器中进行 HS-GC 检测。图 3-5 为顶空瓶反应装置的示意图。

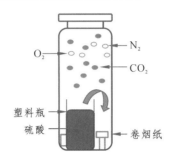

图 3-5　顶空瓶反应装置

5. 原子吸收光谱法测定纸张中的钙含量

将 5 g 纸张样品灰化，用标准盐酸（6 mol/L）反复处理灰化残渣，在蒸气浴上加热除去盐酸后，将坩埚里的物质移至 100 mL 容量瓶中，用蒸馏水定容至刻度线。标准比较溶液的制备：分别向 6 个 100 mL 容量瓶中加入 4 mL 50 g/L 氯化锶溶液和 10 mL 标准盐酸，然后加入不同体积的钙标溶液，随后用蒸馏水定容至 100 mL。将实验溶液吸入 N_2O-乙炔火焰中。测定由钙空心阴极灯所发射的 422.7 nm 谱线的吸收值。通过样品中钙吸收值与标准曲线，求出纸张样品中碳酸钙含量。

二、结果与讨论

1. 顶空瓶内的压力对 CO_2 和氧气信号的影响

本方法是基于通过酸化纸张中的碳酸钙生成二氧化碳来进行测定的，其反应原理是：

$$CO_3^{2-} + H_2SO_4 \longrightarrow SO_4^{2-} + CO_2(g) + H_2O$$

图 3-6 为 CO_2 和氧气信号值随着顶空瓶中碳酸钠添加量增加的变化规律。从图中可以看出，当顶空瓶中的碳酸钠添加量低于 0.5 mmol 时，CO_2 的信号值与碳酸钠添加量具有线性关系。但是，当含量高于 0.5 mmol 时，CO_2 的信号值与碳酸钠添加量变为非线性关系。从图 3-6 中还可以看出，当碳酸钠添加量低于 0.5 mmol 时，顶空部分中的氧气（与空气成正比例）信号值基本没有变化。但是，当碳酸钠添加量高于 0.5 mmol 时，氧气的信号值与碳酸钠的添加量呈线性关系。

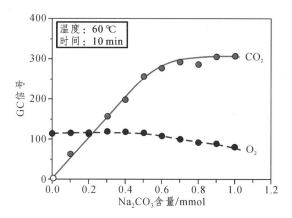

图 3-6　碳酸钠含量对氧气和二氧化碳信号值的影响

上述的现象是由于本实验顶空自动进样器系统（TriPlus 300，Thermo Fisher）中的加压取样模式导致的。其根本原因是：在整个顶空自动进样系统中，其中的六通阀装置、采样系统和加压系统是独立存在和运行的。目前，这种加压取样模式应用于许多商业化的顶空自动进样器系统中（如 Agilent、DANI 等）。这种加压取样的基本原理是：顶空系统中的加压系统将一定量的外部气体（氦气或氮气）注入至封闭的顶空样品瓶中，然后经过样品管路（固定体积）将顶空瓶中的气体排空（管路的另一端与空气连接）。通过切换六通阀，定量环中的样品被送入 GC 系统进行定量检测。在传统的顶空分析中，顶空瓶内压力是恒定的，且分析物的蒸气分压非常低，因此不会影响方法的准确性。但是，若分析物的分压过高，系统取样时这种压力影响需要充分考虑。

2. 方法理论的建立

在实验中，顶空瓶中的 CO_2 主要是由碳酸钙酸化后生成的，在顶空瓶加压步骤完成后，瓶内的压力关系为：

$$p_t = p_a + p_c + p_p \tag{3-4}$$

所有符号和定义如表 3-5 所示。

在顶空进样时，六通阀切换，瓶内的压力变为大气压力，根据理想气体方程 $pV = nRT$，排空后总气体的体积变为：

$$V_1 = \frac{V_0 p_t}{p} \tag{3-5}$$

根据空气的质量守恒定律，空气的质量为

$$n_a = \frac{C_a}{V_0} = \frac{C_a'}{V_1} \tag{3-6}$$

将方程（3-4）和（3-5）代入方程（3-6）中，可以推出：

$$C'_a = \frac{C_a p}{p_a + p_p + C_c RT} \qquad (3\text{-}7)$$

或

$$\frac{1}{C'_a} = \frac{p_a + p_p}{C_a p} + \frac{RTC_c}{C_a p} \qquad (3\text{-}8)$$

因为 p、p_a、p_p 和 C_a 是常数，且 C'_a 和信号值成正比（即 $C'_a = fA$），因此，公式（3-8）可以变换成：

$$\frac{1}{A} = B_1 + B_2 C_c \qquad (3\text{-}9)$$

其中

$$B_1 = \frac{(p_a + p_p)f}{C_a p} \qquad (3\text{-}10)$$

和

$$B_2 = \frac{RTf}{C_a p} \qquad (3\text{-}11)$$

从公式（3-9）可以看出空气信号值的倒数与碳酸根的添加量成正比。因此，纸张样品中碳酸钙的含量即可通过顶空的方法来进行测定。

公式（3-9）中的截距 B_1 和斜率 B_2 可以通过数据拟合求出，因此，纸张中的碳酸钙含量可以通过以下公式求出：

$$W_C = \frac{100 C_c V_0}{w} \times 100\% \qquad (3\text{-}12)$$

其中，100 是 $CaCO_3$ 的摩尔质量（g/mol）。

表 3-5　符号和定义

符号	定义	单位
C_a、C'_a	顶空瓶中总压力释放前后空气的浓度	mol/L
C_c	顶空瓶中二氧化碳的浓度	
V_0	顶空瓶的体积	L
V_1	排空后顶空瓶中总气体的体积	
p_t、p_a、p_c、p_p	顶空瓶中总气体、空气、生成的二氧化碳与加压气体的压力	Pa

符号	定义	单位
p	大气压力	Pa
n_a	顶空瓶中空气的摩尔质量	g/mol
A	氧气的峰面积信号值	
R	理想气体常数	J/(mol·K)
T	温度	K
f	相应系数	
w	瓶中样品的添加质量	g
W_C	碳酸钙含量	%

3. 加压压力的影响和方法的适用范围

在公式（3-7）中，假定顶空瓶中加压气体（氮气）产生的压力（p_p）是恒定的。在既定的加压压力模式下，当瓶中 CO_2 的压力低于加压气体的压力时，p_p 可以保持恒定。这说明顶空瓶中的部分加压压力由 CO_2 压力来补充。从图 3-6 中也可以看出，该方法不适用检测低碳酸根含量的样品。当顶空瓶中反应生成二氧化碳的压力大于设定的加压压力时，实际上系统在加压阶段是没有加压气体注入顶空瓶中，所以，图 3-6 中氧气信号值的变化实际上仅仅与碳酸根酸化生成的二氧化碳量有关。因此，该方法的检测限是由压力决定。当检测碳酸盐含量低的样品时，这种压力效应是不明显的，因此本方法更适合用于测量高碳酸盐含量的样品，这在工厂的实际检测应用中是非常具有价值的。

4. 样品的准备和顶空测定条件的优化

为了使样品具有更好的代表性，特别是对于固体样品，一般会使用更大尺寸或质量的样品。在本研究中，纸张样品是一种低定量的卷烟纸（28 g/m²±1 g/m²），其中 $CaCO_3$ 填料在纸页中均匀性是一个重要问题。因此，在实验中选择较大的样品来进行酸化反应。随后比较了两种采样方式：截取面积为 26.5 mm×250 mm 和称取重量为 0.2 g 的纸张样品。结果发现，这两种采样方式都具代表性，而且误差都很小。

由于纸张样品中的碳酸钙能够迅速与溶液中的酸发生反应，因此在预处理实验过程中需要避免酸化生成的 CO_2 从顶空瓶中逸出而增加实验的误差。如果采用注射器将酸溶液注入密封的小瓶中，顶空瓶中 CO_2 由于压力过大会出现泄漏问题。因此，本实验设计出了一种酸溶液加入顶空瓶中的方法（图 3-5）。首先将样品放置在顶空瓶中，随后将酸溶液添加在小瓶中，此时纸张样品和酸溶液处于分离的状态。顶空瓶密封后，倒置顶空瓶使纸张与酸溶液充分混合并发生反应，这样所有酸化生成的二氧化碳全部保留在顶空瓶中而不会发生泄漏问题。

在本实验中，氮气作为气相色谱的载气，所以 GC 系统的 TCD 检测器只能检测到纸张样品中碳酸盐酸化产生的二氧化碳和顶空瓶中顶空部分的氧气。如图 3-7 所示，由于这两种气体的理化性质差异明显，所以在气相色谱图中具有很好的分离效果。

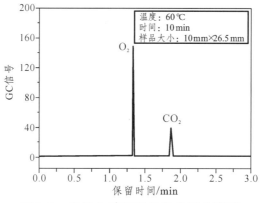

图 3-7　二氧化碳和氧气的色谱分离图

在常规的顶空分析中，相平衡主要与平衡温度和平衡时间有关。如图 3-8 所示，平衡温度对 O_2 信号值的变化影响不显著：只有温度高于 60 ℃ 氧气的信号值会略微下降。与平衡温度相比，平衡时间对 O_2 信号值的影响更为显著，如图 3-9 所示，在平衡温度 60 ℃ 的条件下，氧气的信号值可以在 10 min 时达到平衡。这是由于纸张结构影响了硫酸溶液的扩散，导致溶液中的硫酸与卷烟纸张中的碳酸钙之间的反应不能迅速完成。因此本实验选择平衡时间 10 min 和平衡温度 60 ℃ 作为顶空的平衡条件。

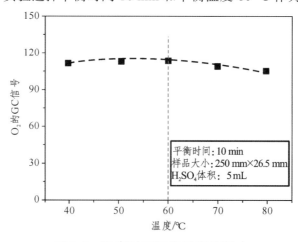

图 3-8　温度对氧气信号值的影响

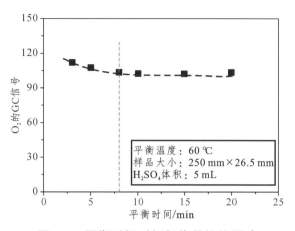

图 3-9　平衡时间对氧气信号值的影响

5. 方法的评价

方法的校准：采用外标法，即向不同碳酸钠浓度的顶空样品瓶中加入 5 mL 硫酸标准溶液，然后进行气相色谱检测，所得结果如图 3-10 所示。从图中可以看出，当 Na_2CO_3 添加量高于 0.5 mmol 时，氧气信号值的倒数与 Na_2CO_3 添加量具有良好的线性关系。其标准曲线为：

$$A^{-1} = 0.0051(\pm 0.0003) + 0.4277(\pm 0.0241)C_c \ (n = 6，R^2 = 0.990) \tag{3-13}$$

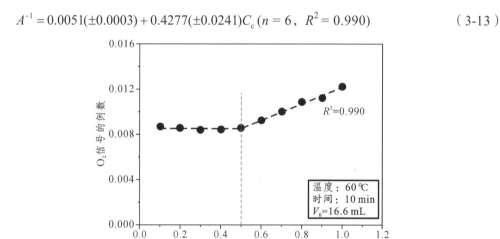

图 3-10　氧气信号值的倒数与 Na_2CO_3 添加量的关系

为了研究本方法测定纸张中碳酸钙含量的精确度。对三种卷烟纸样品进行 5 次重复检测，结果如表 3-6 所示，其检测结果的相对标准偏差（RSD）小于 2.28%，表明该方法具有较高的精确度。

表 3-6　顶空法的重现性

重复次数	碳酸钙含量/%		
	样品 1	样品 2	样品 3
1	29.0	34.0	31.6
2	29.1	33.0	31.3
3	28.9	33.3	33.1
4	28.7	32.1	32.1
5	29.5	33.9	32.5
平均值	29.1	33.3	32.1
相对标准偏差	1.27	2.32	2.23

为了研究本方法的准确度，分别采用顶空气相色谱法和原子吸收光谱法测定了
5 种卷烟纸中的碳酸钙含量，结果如表 3-7 所示。由表可知，这两种方法的相对误
差小于 5.76%，这说明 HS-GC 技术可用于定量检测卷烟纸中碳酸钙的含量。

表 3-7　顶空法与原子吸收光谱法的比较

样品号	碳酸钙含量/%		相对误差/%
	原子吸收光谱法	顶空法	
1	33.8	33.1	2.11
2	27.8	29.5	−5.76
3	29.5	28.7	2.79
4	25.8	25.3	1.98
5	35.0	34.2	2.34

其中，原子吸收光谱法的 RSD 为 6.10% ~ 10.3%（$n=3$），顶空气相色谱法的
RSD 为 1.27% ~ 2.32%（$n=5$）。

第八节 卷烟纸中碳酸根含量
（顶空气相色谱法）

一、范 围

基于卷烟纸质量参数检测及综合评价，研究建立了测定卷烟纸中碳酸根含量的方法——顶空气相色谱法。

二、术语和定义

碳酸根含量主要与卷烟纸中填料碳酸钙（$CaCO_3$）有关的含量。

顶空气相色谱法，在密闭的样品瓶中，没有被液体或固体所占有的空间被称为顶空。特制的取样器可将样品瓶内顶空中的部分气体样品输入气相色谱仪中进行分析，这种结合顶空气体取样和气相色谱分离检测的方法称为顶空气相色谱法。

三、原 理

卷烟纸中碳酸根酸化生成大量的 CO_2，高浓度 CO_2 会导致顶空部分中的氧气压力发生变化，通过测定氧气的信号值来间接计算出纸张中碳酸根的含量。

四、仪器和试剂

（1）顶空自动取样器（TriPlus 300，Thermo Fisher）。

（2）带热导检测器的安捷伦 GC 7890A 型气相色谱仪（美国 Agilent 公司）。

（3）GS-Q 型毛细管色谱柱（30 m×0.53 mm，J&W Scientific，US）。

（4）分析天平（Sartorius BSA-124SCW，Germany）。

（5）顶空瓶（21.6 mL）、125 ℃ 温度的聚四氟乙烯硅橡胶密封垫片、封装用铝盖及压盖器。

（6）碳酸钠（Na_2CO_3）0.1，0.2，0.3，0.4，0.5，0.6，0.7，0.8，0.9 和 1.0 mol/L。

（7）硫酸（H_2SO_4）2 mol/L。

（8）盐酸（HCl）。

（9）去离子水。

五、仪器的操作条件

1. 自动顶空取样器的操作条件

平衡时间 8 min，平衡温度为 60 ℃。顶空样品瓶中载气平衡时间 0.2 min，管路充气时间 0.2 min，管路平衡时间 0.2 min，定量环体积 3.0 mL。顶空瓶摇晃等级设置为剧烈摇晃。

2. 气相色谱运行条件

进样口温度 200 ℃，柱箱温度 105 ℃，氮气流速 3.8 mL/min，检测时间 3.8 min，分流比为 0.1∶1。

六、试验步骤

1. 标准曲线的测定

首先量取 5 mL 标准硫酸溶液置于小瓶中，然后分别量取 5 mL 不同浓度的标准碳酸钠溶液置于顶空瓶中，密封顶空瓶充分反应，然后随即将这些顶空瓶放至顶空自动进样器中进行 HS-GC 检测。记录 O_2 的信号值（以峰面积计）。画出氧气信号值倒数与碳酸根浓度的标准曲线。

2. 样品检测

将 150 mm×26.5mm 的卷烟纸样品置于顶空瓶中，随后将 5 mL 硫酸溶液放于顶空瓶中的小塑料瓶内。顶空瓶密封完成后，倒置使小瓶中的硫酸溶液与纸张样品接触并完全反应。随后将顶空瓶放至顶空自动进样器中进行 HS-GC 检测。记录 O_2 的信号值（以峰面积计）。

七、样品中碳酸根含量的计算

1. 标准曲线

$$\frac{1}{A} = b + KC_c \tag{3-14}$$

式中　A——氧气信号值；

　　　C_c——碳酸根浓度。

通过式（3-14）与标准曲线数据拟合求出截距 b 和斜率 K。

2. 碳酸根含量的计算

记录样品检测得到的氧气信号值 A，利用式（3-14）得到浓度 C_c。纸张中的碳酸根含量可以通过以下公式求出：

$$W_C = \frac{60C_cV_0}{w} \times 100\% \qquad\qquad （3\text{-}15）$$

式中　　W_C—— 碳酸根含量，%；

$\quad\quad\quad C_c$—— 顶空瓶中氧气的浓度，mol/L；

$\quad\quad\quad V_0$—— 顶空瓶的体积，L；

$\quad\quad\quad w$—— 瓶中样品的添加质量，g；

$\quad\quad\quad 60$—— CO_3^{2-} 的摩尔质量，g/mol。

第九节　卷烟裂口率

▶▶▶▶▶▶▶▶▶▶

围绕卷烟市场新增消费体验所聚焦的卷烟纸关键技术指标评价单一，配合烟支燃烧时飞灰炸块严重等卷烟综合制造中的质量问题，结合卷烟纸物化参数与烟支凝灰性能关系，项目组建立了一套以图像识别法为主体的对卷烟纸参与烟支燃烧后外观等指标设计与评价方法，其质量评价维度是卷烟凝灰指数，并用其对卷烟燃烧中的凝灰能力进行研究与评价，形成了卷烟纸外溢功能指标的有效管控和方法论的基础体系。

卷烟燃烧中的凝灰能力目前采用裂口率表征。裂口率指卷烟燃烧后烟柱体灰分裂口面积与整个烟柱体燃烧面积的比值，裂口率越小，可视为卷烟凝灰性能越好。

裂口率计算简单，图像分析软件的响应迅速，同一品牌不同批次使用的卷烟纸对卷烟的裂口率变异系数较小，不同品牌卷烟的裂口率区分度明显，计算同一批次不同样品数据的变异系数低于 5%。裂口率可以作为衡量卷烟凝灰性能的重要指标和有效手段，应用于卷烟综合性能的评定，同时也是卷烟纸制造企业生产以及卷烟纸产品新增指标的溯源和管控的重要依据。裂口率测定的基本原理、仪器条件、测试步骤及方法如下。

一、测试原理

采用卷烟直线式静燃，利用影像仪器采集卷烟燃烧烟柱体凝灰图像，结合图像分析法，通过 ImageJ 分析软件导入图像分析燃烧烟柱裂口面积占烟柱总面积的比值，得到裂口率。测试时要注意，测试卷烟燃烧裂口率，采集的烟柱体凝灰图像在分析时严禁进行修饰处理；卷烟燃烧烟柱体凝灰性能分析时长度（扣除燃烧端 2 mm 后）35 mm，宽度按烟柱体的实际宽度；卷烟燃烧时避开烟支搭口采集图像。

二、仪器条件

（1）箱式直线式燃吸装置或参照常规分析吸烟机装置。

（2）数码影像仪器，分辨率≥2000 万。

（3）图像分析 Image J 软件。

三、抽样、样品制备及测试步骤

1. 抽 样

试样应按 GB/T 5606.1 的规定，以同一工艺条件、同一牌号、同一规格、同一商品条码、同一时期生产的卷烟产品为检查批。

2. 样品制备

凝灰性能测试样品从检查批中随机抽取两条包装卷烟产品组成实验室样品，以条为单位每盒抽取 3 支，混合后共 60 支作为试验样品，其中 10 支为试验样，剩余卷烟为备份样。

3. 测试步骤

（1）样品测试前，以烟支燃烧端为起始点，量取 40 mm 处划线做标记。

（2）测试时，点燃烟支并垂直放置于测试箱内的测试支架上，待到烟支燃烧至标记线处时立即用数码影像仪器拍照。测试过程中烟支样品拍摄位置、成像背景、光圈、影像仪器快门设置等均为同一条件，成像要求清晰，其余按数码影像仪器默认方式。

（3）将做好标记线的待测试样品点燃，燃烧端向上放置于无强烈气流干扰的水平面或卷烟裂口率测试箱内（图 3-11），当其燃烧到标记线后拍照获得图像。拍照时应避开烟支搭口，背景应为纯色。

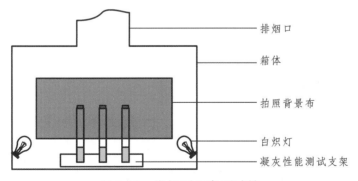

排烟口

箱体

拍照背景布

白炽灯

凝灰性能测试支架

图 3-11　卷烟裂口率测试箱

4. 分析方法

（1）采用 ImageJ 1.8.0 版本进行凝灰指数分析。

（2）打开 ImageJ 后将图像导入。

（3）选择一条已知长度直线，点击"Analyze"→"Set Scale"进行比例尺设置。

以正常烟支为例，操作如图 3-12 所示。

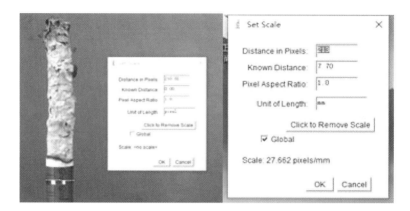

图 3-12　以正常烟支直径为例比例尺设置步骤图示

（4）点击工具栏第三个形状沿着烟灰柱进行勾勒，上下端应以标记线为限形成闭合曲线。点击"Analyze"→"Measure"，Area 中的数值即为选择的烟灰柱的面积，如图 3-13 所示。

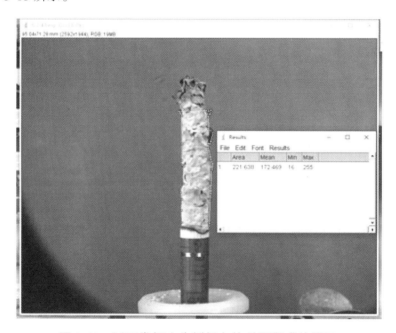

图 3-13　以正常烟支为例烟灰柱总面积求值图示

（5）在所勾勒的烟灰柱区域内右键选择"Duplicate"，出现所选择烟灰柱的副本图像。点击"Image"→"Type"→"8 bit"对副本图像进行灰度处理。

（6）点击"Image"→"Adjust"→"Threshold"，对图像进行阈值调节。调节

过程中应将 8 bit 图像与原图像进行对比，阈值选择应以使裂口区域面积显示充分且不包括裂口以外的背景区域为准，以正常烟支为例，操作如图 3-14 所示。

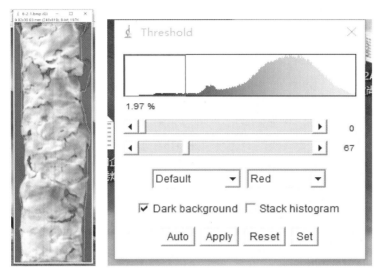

图 3-14　以正常烟支为例烟灰柱裂口标识图

（7）点击"Analyze"→"Particles"，确定后获得烟灰柱中所有显示的裂口的面积，以正常烟支为例，操作如图 3-15 所示。保存后的结果用 Excel 将所有裂口面积（Area）求和得到烟灰柱裂口总面积。

	Area	Mean	Min	Max
30	0.050	57.000	45	67
31	0.012	63.556	60	67
32	0.027	56.500	46	67
33	0.210	45.718	19	67
34	0.034	56.240	42	67
35	0.083	47.065	28	67

图 3-15　以正常烟支为例烟灰柱裂口总面积对话框

（8）烟灰柱裂口总面积与烟灰柱的总面积的比值即为裂口率。
裂口率按下式计算，结果精确至 1%。

$$裂口率 = \frac{a_1 + a_2 + \cdots + a_n}{A} \times 100\%$$

式中　a_1——第一个烟支裂口面积；

　　　a_n——第 n 个烟支裂口面积；

　　　A——烟柱总面积。

5. 结果处理

从试样中任意抽取 10 支烟支，点燃，分别测试其裂口率，数据处理时应扣除图像背景面积后取 10 支试样的算术平均值作为此试样的裂口率。

第四章

卷烟纸质量参数的 控制及评价方法

第一节 单因素法分析卷烟纸中纤维
特征与表面特性的差异性

　　作为卷烟主要辅料的卷烟纸，其纤维特征和表面特性对成纸性能以及成品的品吸效果有着重要影响。例如，针叶木浆的加入可提高纸张的抗张强度；纸张的抗张强度与纤维强度及相互间结合度强弱程度有关，其结合度由纤维自身性质以及纤维上结合位点的数量共同决定；纸浆纤维的卷曲度有利于改善纸张的透气度及伸长率等；液体碳酸钙（$CaCO_3$）填料的添加能够减小影响卷烟纸的透气度变异系数；卷烟纸中的助剂，如 KNO_3、$NaNO_3$、$Mg(OH)_2$ 和磷酸盐等金属盐助剂不仅能够调节卷烟纸的燃烧速率，还能控制烟灰分散，减少烟气中有害物质的生成。目前，使用国内生产的卷烟纸与国外高档的卷烟纸所制成的成品卷烟在品吸效果的综合比较时仍有一定的差距，其中，构成卷烟纸的纤维原料中金属元素含量无疑是重要因素。因此研究卷烟纸的纤维特征和表面特性对于提高卷烟纸的综合品质具有重要的意义。

　　目前，关于卷烟纸纤维的研究，主要集中在纤维的种类、配比以及打浆度对卷烟卷物性指标的影响。研究表明：纤维的种类影响卷烟纸的物理性能，例如，针叶木浆的加入可提高纸张的抗张强度，阔叶木浆有利于提高纸张的不透明度，亚麻浆可改善纸张的透气性能；而且，不同纤维种类抄造的卷烟纸，使用性能也有差异，针叶木浆与麻浆抄造的卷烟纸，其性能优于针叶木浆与阔叶木浆抄造的卷烟纸；而麻浆与阔叶木浆抄造的卷烟纸使用性能较差。后来，有学者分析了不同配比的纤维原料对卷烟纸的影响，结果发现：在阔叶木浆配比不变的情况下，麻浆比例越大，针叶木浆比例越小，纸张的透气度越高。很显然，卷烟纸的性能还与抄纸前纤维原料的处理有关，如浆料的打浆度。因此，研究人员从纸浆打浆度角度分析，结果发现：卷烟纸的抗张强度随针叶木浆打浆度的升高而增加，不透明度略有增加；但是针叶木打浆度过高，卷烟纸的透气度会迅速下降。阔叶木浆打浆度升高，纸页强度和不透明度略有增加，而透气度略有下降。总的来说，这些研究主要集中在纤维种类、配比及打浆度对卷烟纸物性指标的影响，虽有学者分析了少量国产卷烟纸的纤维形态及外貌特征，但其卷烟纸数量较少，不具有代表性，也没有国内卷烟纸与国外高档卷烟纸在纤维质均长度、平均宽度、卷曲指数和扭结指数等纤维形态参数方面的差异性的研究报告。

此外，鉴于能够对材料表面的微区元素成分进行快速分析，扫描电镜结合 X 射线能谱仪（EDS）已成为当今材料领域中一种材料表面元素的分析手段。SEM-EDS 的工作原理是在合适的区域中，利用不同种类元素所激发的特征 X 射线，并对其收集、分析和数据图像转换处理，从而实现对材料表面的元素定性和定量分析。很显然，卷烟纸构成中的纤维、填料和各类助剂的添加信息，都可以通过 EDS 加以检测。目前，关于采用 EDS 来分析卷烟纸表面的纤维、填料和助剂等分布情况的研究还鲜有报道。

本节研究了 6 种国产卷烟纸的纤维组成，并对 16 种国产卷烟纸和 1 种进口高档卷烟纸的纤维形态参数，即纤维质均长度、纤维宽度、长宽比、扭结指数、卷曲指数和细小纤维含量进行了测定；此外，利用 SEM-EDS 对卷烟纸的表面元素进行了测定和分析，并对 16 种国产卷烟纸和 1 种进口优质卷烟纸表面的形态、元素种类和含量进行单变量数据的比较和分析。这些研究不仅可直接反映出国内外卷烟纸在各个方面的具体差异性，而且还将为下一步多变量综合分析提供数据基础。

一、实验原料和仪器

17 种卷烟纸样品（其中，进口高档卷烟纸 1 种，国产高档卷烟纸 16 种）由国内数家卷烟纸企业和 1 家国外卷烟纸企业提供。

1. 实验的仪器

FS300 纤维分析仪，超声波清洗机，扫描电镜-X 射线能谱仪（ZEISS EVO18）。

2. 卷烟纸的纤维分析

将 17 种样品用 0.1 mol/L 的盐酸酸化，然后用蒸馏水洗涤，浓缩，取 0.06 g 卷烟纸纤维，将其置于装有 10 mL 水的试管中，振荡试管直至形成均一的悬浮液，将所得悬浮液稀释至 1000 mL。每次取 50 mL 液体，加水至约 500 mL，通过 FS300 纤维分析仪进行纤维分析。

纤维长度分布的离散系数（Cv）由以下公式计算得出：

$$Cv = \frac{\sigma}{L_N} \tag{4-1}$$

$$\sigma = \sqrt{\frac{\sum[N_i \cdot (L_N - \bar{l}_i)^2]}{\sum N_i - 1}} \tag{4-2}$$

式中　σ——纤维分布的标准偏差；

N_i——i 组纤维的根数，n=1, 2, …, n；

$\bar{l}_i$——i 组纤维长度的平均值，mm；

L_N——纤维平均长度，mm。

3. 卷烟纸的 SEM 和 EDS 分析

SEM 分析：取 2 mm×2 mm 面积的风干卷烟纸，采用真空镀膜法对纸张表面采取镀金预处理，加强纤维的信号，然后在扫描电镜中观察纤维表面情况，选取合适的区域进行图像采集。

EDS 分析：取 2 mm×2 mm 面积的风干卷烟纸，不进行镀金处理，在扫描电镜中观察卷烟纸表面的纤维和填料的分布情况，选择合适的区域进行能谱数据的采集。

二、结果与讨论

1. 纸张中纤维的组成和配比

卷烟纸中纤维原料的种类和配比对卷烟纸的物性指标有重要的影响。根据部分企业提供的纤维原料，采用纤维分析仪对 9 种国产卷烟纸的纤维种类进行观察。同时也采用进口的针叶木浆、阔叶木浆和麻浆原料为参照，对进口高档卷烟纸纤维组成的比例进行分析。结果如表 4-1 所示。

表 4-1　进口和部分国产卷烟纸中纤维组成的配比

样品来源	批次	阔叶木/%	麻浆/%	针叶木/%
国外卷烟厂	1	40.3	59.6	0.1
国内 A 卷烟厂	1	90.7	9.2	0.1
	2	89.2	10.7	0.1
	3	89.6	10.3	0.1
国内 B 卷烟厂	1	62.9	0	37.1
	2	63.9	0	35.1
	3	69.3	0	30.7
国内 C 卷烟厂	1	60.0	39.9	0.1
	2	55.2	43.7	0.1
	3	61.6	36.3	1.4

由上述的检测结果可以看出：构成这些卷烟纸的纤维主要是阔叶木纤维和麻浆纤维或针叶木纤维的复配。综合分析进口高档卷烟纸和 9 种国产卷烟纸中纤维种类和配比可知，进口卷烟纸样品中主要采用的是麻浆和阔叶木纤维，而且其中麻浆纤维所占的比例（59.6%）显著高于国产卷烟纸所用的比例（低于 44%）。也有国产卷烟纸不使用麻浆纤维，仅采用针叶木和阔叶木纤维的配抄。由于不同的卷烟厂所用的原料是不一样的，即使是针叶木、阔叶木或麻浆，它们的来源也是不一样的，其纤维的长度、宽度会有很大的差异，因此需要根据具体情况确定不同纤维的配抄。例如，对某厂家提供的麻浆、阔叶木和针叶木浆的检测发现，其纤维的表观尺寸（即平均长度和平均宽度）分别为：麻浆 1.28 mm 和 23.7 μm，阔叶木 0.67 mm 和 18.7 μm，针叶木 2.67 mm 和 29.5 μm。鉴于配抄时所用纤维的相近性有利于提高纸页的均匀性，因此该厂在卷烟纸制作中选用阔叶木与麻浆纤维进行配抄要比其与针叶木纤维配抄更为合理。另外，配抄工艺中纤维种类和比例的选择也直接影响卷烟纸产品的使用性能以及生产的成本。

2. 纸张中纤维形态参数的单因素分析

通过纤维分析仪对进口高档卷烟纸与国产卷烟纸的纤维参数，即长度、宽度、长宽比、卷曲指数、扭结指数和细小纤维含量进行了测定，对纤维的长度和宽度区间分布进行了研究，以比较它们之间的差异性。图 4-1 是 17 种卷烟纸的各项指标的比较。表 4-2 和表 4-3 是 17 种卷烟纸纤维的长度和宽度区间分布及其离散系数结果。

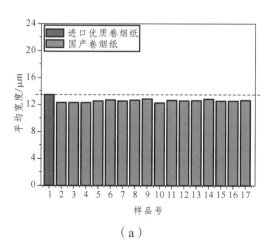

（a）

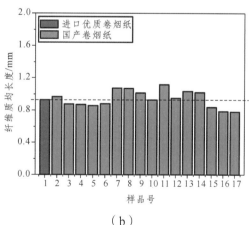

（b）

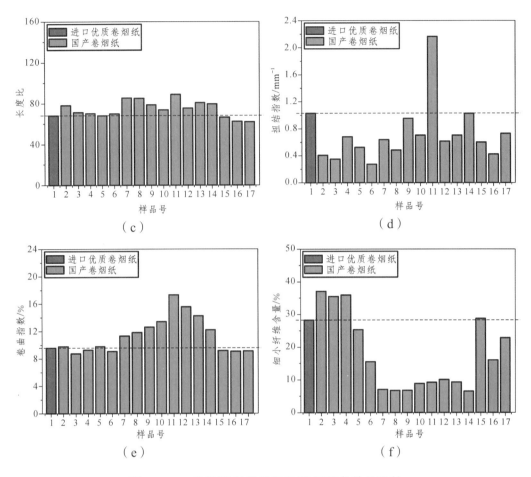

图 4-1　17 种卷烟纸样品的纤维各项参数的比较

通过对图 4-1 中的纤维各项指标的对比可知，国产卷烟纸的纤维平均宽度相差不明显（均在 12.3～12.8 μm），但它们都低于进口卷烟纸纤维的平均宽度（13.4 μm），该结果也与进口卷烟纸中使用较高比例的麻浆纤维所对应。国产卷烟纸的纤维质均长度差异性较大，变化范围在 0.78～1.12 mm，只有 10#和 12#样品与进口卷烟纸的纤维质均长度（0.92 mm）相近。由此计算的国产大多数卷烟纸纤维长宽比均大于或等于进口的卷烟纸的数值（68.3）。相对而言，国产卷烟纸纤维的扭结指数、卷曲指数、细小纤维含量的差异性很大，其范围分别在 0.27～2.16，8.8%～15.7%，5.5%～37.1%，而进口样品的扭结指数、卷曲指数和细小纤维含量分别为 1.01、9.5% 和 28.2%。

将图 4-1（b）（d）（e）（f）变化规律结合起来看，部分国产卷烟纸纤维的卷曲指数与细小纤维含量呈反相关关系。其中，11#样品的扭结指数最大，其卷曲指数也是最大，这可能与纤维本身的长度有关。根据这些变化规律，并结合原料和工艺做出如下推断：国产卷烟纸的纤维平均宽度均低于进口卷烟纸的纤维宽度。导致这种差异性的原因：一是国产卷烟纸中针叶木浆、阔叶木浆和麻浆的配比与进口高档卷烟纸有差异；二是木材纤维原料的产地有地区差异。与进口高档卷烟纸相比，国内卷烟纸纤维的扭结指数、卷曲指数和细小纤维含量差异性较大的原因主要与国内制浆造纸企业的生产工艺有关，如打浆过程中转数和打浆压力控制、纸浆纤维是否经过酶预处理等。

表 4-2　17 种卷烟纸中纤维在各长度区间分布的百分比和标准偏差

| 编号 | 纤维长度分布的区间 | | | | | 离散系数 |
	0.2 ~ 0.5 mm	0.5 ~ 1.0 mm	1.0 ~ 2.0 mm	2.0 ~ 3.2 mm	3.2 ~ 7.6 mm	
1	60.8	32.5	5.45	0.25	0	0.56
2	48.3	44.7	5.4	0.5	0.1	0.58
3	57.8	37.4	4.4	0.3	0.1	0.55
4	54.9	39.9	5	0.2	0	0.54
5	63.6	30.7	5.4	0.3	0	0.57
6	47.6	45.5	5.4	0.5	0	0.53
7	21	63.8	14.1	0.9	0.2	0.50
8	18.7	62	18.5	0.7	0.1	0.52
9	19.2	61	19.65	0.15	0	0.54
10	30.95	54	14.95	0.1	0	0.52
11	27.6	55.9	15.2	1.3	0	0.58
12	28	58.7	13.05	0.25	0	0.57
13	24.95	57.35	17.1	0.6	0	0.57
14	18.2	61.7	19.7	0.4	0	0.52
15	61.6	31.45	6	0.55	0.4	0.49
16	48.6	47.85	3.4	0.15	0	0.49
17	63.45	32.9	3.45	0.2	0	0.44

表 4-3　17 种卷烟纸中纤维在各宽度区间分布的百分比和标准偏差

编号	纤维宽度分布的区间					离散系数
	2 ~ 4 μm	3 ~ 8 μm	8 ~ 16 μm	16 ~ 32 μm	32 ~ 100 μm	
1	0.1	1.5	81.7	14.8	1.85	0.63
2	0.1	2.7	83.2	13.2	0.8	0.52
3	0	1.2	92.9	5.4	0.4	0.36
4	0.1	1.2	90.4	7.4	0.6	0.43
5	0.05	0.95	93.3	5.45	0.3	0.32
6	0	0.5	95.4	3	0.1	0.21
7	0.05	0.9	91.6	5.8	0.6	0.41
8	0.1	1.65	85.65	10.95	0.65	0.46
9	0.1	1.2	89.45	8.4	0.9	0.48
10	0.1	0.8	94.25	4.45	0.35	0.33
11	0	0.7	93.7	5.1	0.4	0.34
12	0.1	0.75	93.45	5.3	0.4	0.35
13	0.1	1.2	88.45	9.25	1	0.51
14	0.1	1.4	87.1	10.8	0.7	0.46
15	0.1	1	91.9	5.7	0.4	0.37
16	0	0.45	95.4	2.95	0.2	0.25
17	0.1	0.7	93.05	5.7	0.5	0.38

从表 4-2 中的数据可以看出，进口高档卷烟纸（编号 1）和 16 种国产卷烟纸的纤维长度主要集中在 0.2 ~ 1.0 mm。而且 17 种卷烟纸的纤维长度在 0.2 ~ 0.5 mm 和 0.5 ~ 1.0 mm 范围内的百分比含量差异很大，其变化范围分别在 18.2% ~ 63.6% 和 31.4% ~ 63.8%。从 17 种卷烟纸纤维长度分布的离散系数（衡量纤维均匀性的重要指标）变化看，它们的范围在 0.44 ~ 0.58，说明其卷烟纸纤维的均匀性差异较大。这些纤维长度的分布和差异性与造纸厂在打浆工艺的选择和控制方面有密切的联系。从表 4-3 中的数据可知，16 种国产卷烟纸的纤维宽度主要分布在 8 ~ 16 μm，而进口高档卷烟纸纤维的宽度大于 16 μm 的百分比含量均大于国产卷烟纸的对应范围的百分比含量，且进口高档卷烟纸纤维宽度分布的离散系数（0.63）均高于 16 种国产卷烟纸的离散系数（0.21 ~ 0.52）。据此可以推断：进口高档卷烟纸在纤维的种类和配比的选择上与国产卷烟纸有很大的差别。由表 4-2 和表 4-3 中反映的信息与前面关于卷烟纸纤维种类、配比以及纤维形态参数所分析得出的结论也是基本吻合的。

3. 国内外卷烟纸表面形态的差异性分析

扫描电镜分析不能定量的分析影响卷烟纸品质的表面性质参数,但是其能对纸张品质做出较为直观的解释。图 4-2 至图 4-4 为列举的卷烟纸表面扫描电镜图,其中 1#为国外高档卷烟纸,2#至 4#为几种典型的国内卷烟纸。在放大 500 倍的情况下,可观测到卷烟纸的表面纤维与填料交织程度,即纸张的均匀性。由图 4-2 可知,进口卷烟纸样品表面的填料覆盖较均匀,国内卷烟纸表面的填料覆盖度偏低。由图 4-3 可知,进口优质卷烟纸与国内卷烟纸相比,纤维交织程度高,纤维与填料结合更紧密,纤维间填料填充程度较高;由图 4-4 可知,进口优质卷烟纸中填料尺寸均一,分散均匀,无团聚或板结较少,而国内卷烟纸样品的尺寸大小不均匀,局部处有结块现象。

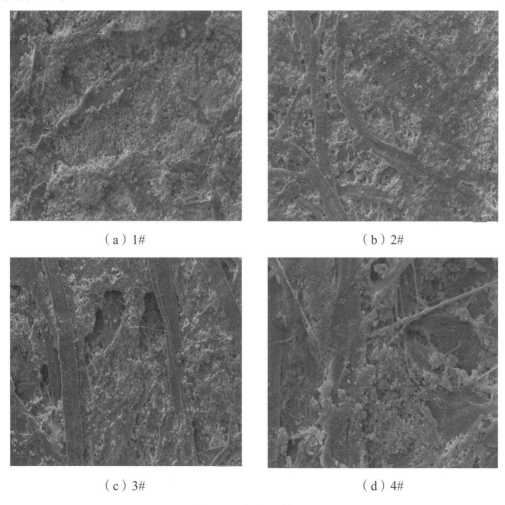

（a）1#　　　　　　　　　　　（b）2#

（c）3#　　　　　　　　　　　（d）4#

图 4-2　卷烟纸的扫描电镜图（×500）

（a）1#　　　　　　　　　　（b）2#

（c）3#　　　　　　　　　　（d）4#

图 4-3　卷烟纸的扫描电镜图（×2000）

（a）1#　　　　　　　　　　（b）2#

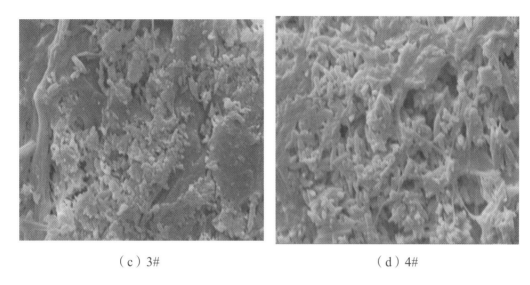

（c）3#　　　　　　　　　　　（d）4#

图 4-4　卷烟纸的扫描电镜图（×5000）

综合扫描电镜结果分析可知，国内外卷烟纸的物性参数虽然较为接近，但是从微观角度观察可知，其卷烟纸填料的含量、尺寸、分散均一性以及与纤维的交织程度都存在较大的差异，而这种差异不仅与碳酸钙填料的选择、加工有关，还与卷烟纸的生产工艺水平有关。

4. 卷烟纸表面元素含量的单因素分析

由 EDS 原理可知，EDS 可以分析样品表面元素种类和含量。本节利用 EDS 测定了一种进口优质卷烟纸和 16 种国产卷烟纸表面元素的种类和含量百分比，其结果如图 4-5 所示。

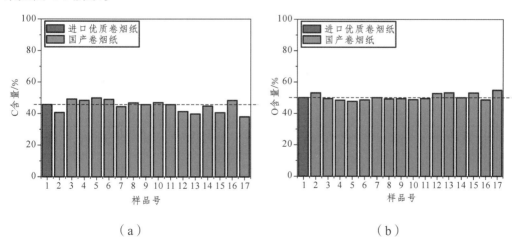

（a）　　　　　　　　　　　　　（b）

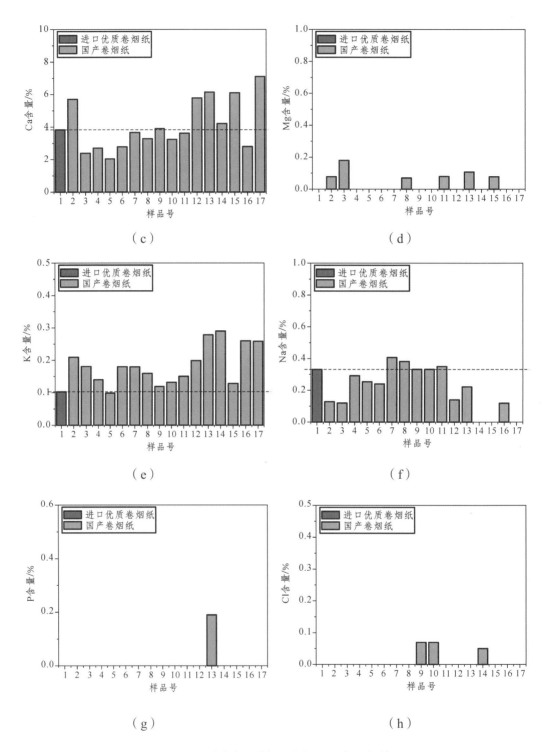

图 4-5　17 种卷烟纸样品的主要元素分析结果

由图 4-5 可知，进口优质卷烟纸（1#）和国产卷烟纸表面的元素种类和含量有区别。对 C 和 O 元素而言，其含量在国内外卷烟纸中无明显差异。对于 Ca 元素，只有 9#样品与 1#较接近（3.87%）。对于 K 元素，16 个卷烟纸含量均高于或者等于 1#的 K 元素含量（0.1%）。对其他元素而言，14#、15#和 17#样品未检测到 Na 元素；2#、3#、8#、11#、13#和 15#检测到有 Mg 元素；13#表面检测到 P 元素；9#、10#和 14#检测到 Cl 元素，而 1#表面均未检测到有 Mg、P 和 Cl 元素。

综合以上可知，进口优质卷烟纸主要是添加钾钠盐来调节卷烟纸的燃烧效果，而国产卷烟纸中不仅添加有钾钠盐，还有少量的镁盐。另外，国产卷烟中不仅有碱金属有机酸盐，还有碱金属无机酸盐，如 9#、10#和 14#卷烟纸中有氯酸盐，13#样品中有磷酸盐。有研究表明，这种复配混合物能够降低烟气中 CO 的释放量。

5. 卷烟纸表面元素的规律分析

由图 4-6 可知，采用 EDS 分析时，卷烟纸中 C 元素含量与 O 和 Ca 元素的原子含量具有良好的线性关系。其原因与卷烟纸中纤维素$[(C_6H_{10}O_5)_n]$和碳酸钙填料（$CaCO_3$）含量有关。一般而言，卷烟纸中的 K 和 Na 元素具有辅助燃烧的作用，其 K/Na 比值会影响卷烟产品主流烟气中 CO 释放量和卷烟吸味。由图 4-7 可知，国外优质卷烟纸的 K/Na 值均低于国产卷烟纸的比值。有研究表明，提高 K/Na 比值可以降低卷烟烟气中 CO 的含量，但是烟气的刺激感会增加，降低 K/Na 比值可以提高卷烟的舒适性和细腻度，但香气浓度和透气度会降低。因此，控制合适的 K/Na 比值对提高国产卷烟产品的吸味品质具有重要意义。

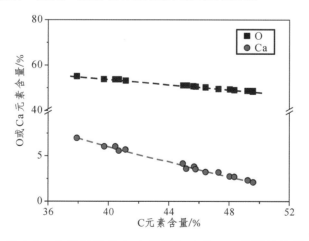

图 4-6　卷烟纸样品中 C 元素与 O 和 Ca 元素的关系

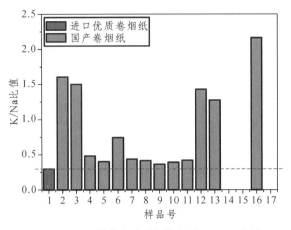

图 4-7　17 种卷烟纸样品中的 K/Na 比值

综合以上可知，因卷烟纸样品纤维种类、纤维形态参数以及表面元素组成及含量的复杂性，并不能很直观地判定出国产卷烟纸与进口优质卷烟纸的具体相似性。因此，还需要采用统计学分析技术对图表中的数据及含量进行交互处理，分析国产卷烟纸和进口优质卷烟纸在纤维形态参数、表面元素种类和含量方面的差异性与相似程度。

第二节 **基于多变量技术构建卷烟纸**
▶▶▶▶▶▶▶▶▶
相似性聚类分析模型

卷烟纸作为构成卷烟的重要材料，对卷烟最终产品的综合品质有着直接影响。它不仅影响到卷烟的外观质量，同时还会对卷烟的吸味和口感等品质指标产生影响。目前，国内生产的卷烟纸与国外进口的卷烟纸在品质方面仍有一定的差距，但现有卷烟纸采购通用技术指标却难以识别国内外卷烟纸实际物理指标之间的差异性。因此，开发出一套更加科学合理的评价体系来定量研究国内外卷烟纸之间的相似性和差异性将直接影响国内卷烟纸品质和我国卷纸产品在国内国际上的竞争力。

在国内卷烟纸行业中，关于卷烟纸的品质控制与分析，传统方法是控制卷烟纸的各项物性指标，即控制卷烟纸的抗张能量吸收、透气度和阴燃速率等相关指标处于合适的范围。这种方法存在的巨大问题是使用这些品控指标难以区分各类卷烟纸之间的品质差异，更不能对原料的使用和工艺的选择进行指导。由此可见，寻找和研究出一种深层次的卷烟纸性质指标体系来评价卷烟纸的品质（如卷烟纸纤维形态参数和表面元素的含量），将是提升国内卷烟纸品质的重要途径。卷烟纸的生产、工艺的控制以及对最终卷烟产品品质的关系是一个极为复杂的"大数据"体系，难以运用传统有限的变量（参数）的分析方法对该体系的主控因素及其关联机制进行剖析和解释。因此，为研究卷烟纸的差异性，剖析和量化各个变量对卷烟纸品质的影响，有必要采用随计算机技术而发展出来的多变量统计学分析技术和方法，对卷烟纸品质中诸多参数（如金属元素含量、非金属元素含量和纤维形态参数等）的交互作用机制进行统计学分析，并对卷烟纸产品综合品质的影响进行理性关联，最终建立卷烟纸物性参数变量因子对卷烟纸质量影响的相关模型。这对于诊断出限制现有卷烟纸品质的生产原料、工艺过程等诸多环节中的问题所在，进而科学地制订卷烟纸设计规划和优化生产工艺具有重要的价值。

一、数据建模与机器学习算法

1. 数据建模

数据建模（Data Modeling）是为要存储在数据库中的数据创建数据模型的过程。

与传统的观测方法不同的是,挖掘方案中包含数学模型已变成现今应用研究的重中之重,并且在数据分析和方法决策中,数学模型发挥着越来越大的作用。数据建模能够最准确地反映应用系统和概念框架的基础,数据建模可制订数据处理过程的行为和管理的规则,并将规则通过人与机器都能理解的符号、文字、语言表现出来。从根本上看,数据建模将操作者的概念和想法通过计算机代码这一桥梁转换为计算机所能理解的信息,以使计算机能够明白操作者的想法而处理各类信息。数据建模在处理数据问题时尤为重要,好的数据模型能显著提高计算机处理数据和解决问题的能力和效率,并可以解构复杂问题,使复杂问题简单化、可视化等。优秀并且准确的数据模型是处理实际问题的核心。由于数据建模完成后需要采用不同的指标对模型优劣进行评价,所以模型的适用性和准确性需有所保障。要成功构建优秀准确的数据模型,数据建模过程中需要通过参考基本模型,改进模型基础,提出新的建模方法,选取合适的数据建模工具,采用简洁、高效、规范的代码,调整模型参数,评价模型性能等。

2. 机器学习算法

机器学习算法,通俗地说就是模仿人类思维,学习人类总结经验的方法,模拟人类获得外界信息,将数据输入机器中,对原始数据进行预处理后,经过训练得到模型,然后利用训练得到的模型对待测数据进行分析结果的方法。计算机科学是一个十分庞大的领域,机器学习算法在其中占据了很高的地位,从计算学习理论的研究出发,进行的是从数据中学习规律和预测数据算法的研究和构建。本节模型应用的机器学习算法思路设计如图 4-8 所示。

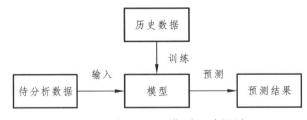

图 4-8　机器学习模型思路设计

机器学习算法按照功能分类可分为:① 分类算法;② 聚类算法;③ 回归算法;④ 降低维度算法。

(1)分类算法即机器学习算法中的模式识别,是一种监督式学习算法,根据各个变量的数据和关系,进行二分类或多分类。常用的分类算法包括:模糊分类、朴素贝叶斯算法、决策树、支持向量机、神经网络等。

（2）聚类算法是一种典型的无监督式学习算法。它的原理是"类群是测试空间中点的会聚，处于同类群的任意两点间的距离小于处于不同类群的任意两个点间的距离"。其目的是通过计算不同变量之间的差别，以找到并挖掘数据的内部结构，之后进行更深一步的分类。常用的聚类算法有：K-means、自组织神经网络、DBScan算法等。

（3）回归算法是通过连续变量数据相互之间的关系，往往得出一种趋势。常用的回归算法有：线性回归、逻辑回归、最小二乘法等。

（4）降低维度就是指采用数学的变量代换或映射，将原来在高维度中的数据点通过类似函数的数学变换，映射到低维度中，使数据点之间的关系得以保留。常用的降低维度算法有：主成分分析、偏最小二乘回归等。

二、两种多变量分析技术的原理

1. 主成分分析（Principal Component Analysis，PCA）

主成分分析是基于降维的数学思想，通过将原始变量进行适当的线性组合产生互不相关的综合性变量，从中选出能保留原始变量主要信息的综合性变量（主成分），代替原始变量进行数据分析。

设原始变量矩阵由样本容量为 n 的 m 个变量构成：

$$X = \begin{bmatrix} x_{11} & x_{12} & \cdots & x_{1m} \\ x_{21} & x_{22} & \cdots & x_{2m} \\ \vdots & \vdots & & \vdots \\ x_{n1} & x_{n2} & \cdots & x_{nm} \end{bmatrix} = [X_1, X_2, \cdots, X_m]$$

则 $X_j = \begin{bmatrix} x_{1j} \\ x_{2j} \\ \vdots \\ x_{nj} \end{bmatrix}$

首先对原始数据阵进行主成分变换：

（1）对原始进行标准化处理

$$X = \begin{bmatrix} x_{11}{}^{\#} & x_{12}{}^{\#} & \cdots & x_{1m}{}^{\#} \\ x_{21}{}^{\#} & x_{22}{}^{\#} & \cdots & x_{2m}{}^{\#} \\ \vdots & \vdots & & \vdots \\ x_{n1}{}^{\#} & x_{n2}{}^{\#} & \cdots & x_{nm}{}^{\#} \end{bmatrix} = [X_1{}^{\#}, X_2{}^{\#}, \cdots, X_m{}^{\#}]$$

其中

$$x_{ij}^{\#} = \frac{x_{ij} - \overline{x_j}}{S_j} \quad (i = 1, 2, 3, \cdots, n; j = 1, 2, 3, \cdots, m)$$

$\overline{x_j}$ 是 X_j 的样本均值，S_j 是 X_j 的样本标准偏差。

（2）计算标准化数据矩阵 $\boldsymbol{X}^{\#}$ 的协方差矩阵 $\boldsymbol{R}$，这时 $\boldsymbol{R}$ 又是 $\boldsymbol{X}^{\#}$ 的相关系数矩阵

$$\boldsymbol{X} = \begin{bmatrix} r_{11} & r_{12} & \cdots & r_{1m} \\ r_{21} & r_{22} & \cdots & r_{2m} \\ \vdots & \vdots & & \vdots \\ r_{n1} & r_{n2} & \cdots & r_{nm} \end{bmatrix}$$

其中

$$r_{ij} = \frac{\sum\limits_{k=1}^{n} (x_{ki} - \overline{x_i})(x_{kj} - \overline{x_j})}{\sqrt{\sum\limits_{k=1}^{n} (x_{ki} - \overline{x_i})^2 \sum\limits_{k=1}^{n} (x_{kj} - \overline{x_j})^2}} \quad (i = 1, 2, 3, \cdots, n; j = 1, 2, 3, \cdots m)$$

r_{ij} 是原始变量 X_i 和 X_j 的相关系数，$\overline{x_i}$、$\overline{x_j}$ 分别为原始变量 X_i 和 X_j 的算术平均值。

（3）计算相关系数矩阵 $\boldsymbol{R}$ 的特征值 $\lambda_i (i = 1, 2, 3, \cdots, m)$，以及相应的特征向量 $V_i (i = 1, 2, 3, \cdots, m)$，要求它们标准正交。

解特征方程 $|\lambda I - \boldsymbol{R}| = 0$ 求出特征值 λ_i，并按照从大到小进行排列，即 $\lambda_1 \geqslant \lambda_2 \geqslant \cdots \geqslant \lambda_m$（设 $\lambda_m > 0$，若 $\lambda_m = 0$，可先对矩阵 $\boldsymbol{X}$ 按降秩情形处理）。然后分别求出对应于特征值 λ_i 的特征向量 $V_i (i = 1, 2, 3, \cdots, m)$，要求 $\|V_i\| = 1$，即 $\sum\limits_{j=1}^{m} v_{ij}^2 = 1$，其中 v_{ij} 表示向量 V_i 的第 j 个分量。

（4）计算主成分 F_i

特征值 λ_i 对应的标准特征向量 V_i 就是主成分 F_i 关于原变量 X_i 的系数，则原始数据阵的主成分有：

$$F_1 = v_{11}X_1 + v_{21}X_2 + \cdots + v_{m1}X_m$$
$$F_2 = v_{12}X_1 + v_{22}X_2 + \cdots + v_{m1}X_m$$
$$\vdots$$
$$F_m = v_{1m}X_1 + v_{2m}X_2 + \cdots + v_{mm}X_m$$

式中 $F_1, F_2, \cdots, F_m$——第 $1, 2, \cdots, m$ 主成分。

至此，原有的参数集 $X = (X_1, X_2, \cdots, X_m)$ 转换为新的参数集 $F = (F_1, F_2, \cdots, F_m)$，且 $F_1, F_2, \cdots, F_m$ 之间不相关。

用这些主成分求 y，可得

$$X = (X_1, X_2, \cdots, X_m)$$

$$y = c_0 + c_1 F_1 + \cdots + c_m F_m$$

其中系数向量 $\boldsymbol{c} = (c_1, c_2, \cdots, c_m)$ 可以根据公式求得

$$C = (F'F)^{-1} F'Y$$

对于主成分分析，保留主成分个数的问题，在应用中常通过所给数据信息确定，一般是以方差贡献率的大小来确定所选主成分个数。

原始数据阵的主成分可写成矩阵形式：

$$\boldsymbol{F} = \boldsymbol{XV}$$

其中

$$V = \begin{bmatrix} v_{11} & v_{12} & \cdots & v_{1m} \\ v_{21} & v_{22} & \cdots & v_{2m} \\ \vdots & \vdots & & \vdots \\ v_{n1} & v_{n2} & \cdots & v_{nm} \end{bmatrix} = [V_1, V_2, \cdots, V_m]$$

可得

$$\boldsymbol{X} = \boldsymbol{FV'}$$

$\boldsymbol{F}$ 和 $\boldsymbol{V'}$ 分别为列正交和行正交矩阵，所以主成分分析亦看作对原始矩阵 $\boldsymbol{X}$ 进行正交分解，然后再用 $\boldsymbol{Y}$ 矩阵对被分解的正交主成分进行回归。

2. K-means 聚类

聚类算法是从原始数据中，通过算法将其中具有相似特征的数据聚为一类。K-means 聚类是典型的聚类分析方法之一。

（1）从数据集中随机选取 k 个样本作为初始聚类中心

$$\boldsymbol{C} = (c_1, c_2, \cdots, c_k)$$

（2）针对数据集中每个样本 x_i，计算它到 k 个聚类中心的距离并将其分到距离最小的聚类中心所对应的类中。

（3）针对每个类别 c_i，重新计算它的聚类中心（即属于该类的所有样本的质心）

$$c_i = \frac{1}{c_i} \sum_{x \in c_i} x$$

（4）重复（2）（3）直到聚类中心的位置不再变化。

聚类分析主要有如下 4 种评价指标。

（1）紧密性（$\overline{CP}$）

$$\overline{CP}_i = \frac{1}{|c_i|} \sum_{x_i \in c_i} \|x_i - w_i\|, \quad \overline{CP} = \frac{1}{K} \sum_{k=1}^{K} \overline{CP}_k$$

紧密性表示每一个类各点到聚类中心的平均距离，$\overline{CP}$ 越小说明类内聚类距离越近。

（2）间隔性（$\overline{SP}$）

$$\overline{SP} = \frac{2}{k^2 - k} \sum_{i=1}^{k} \sum_{j=i+1}^{k} \|w_i - w_j\|_2$$

间隔性表示各聚类中心两两之间平均距离，$\overline{SP}$ 越大说明类间聚类距离越远。

（3）分类适确性指标（DBI）

$$DBI = \frac{1}{k} \sum_{i=1}^{k} \max_{j \neq i} \left(\frac{\overline{C_i} + \overline{C_j}}{\|w_i - w_j\|_2} \right)$$

分类适确性指标表示任意两个类别的类内距离平均距离之和与两聚类质心间距之比的最大值。DBI 越小说明类内距离越小，同时类间距离越大，是评价聚类效果的重要指标之一。

（4）邓恩指数（DI）

$$DI = \frac{\min\limits_{0 < m \neq n < K} \left\{ \min\limits_{\substack{\forall x_i \in C_m \\ \forall x_j \in C_n}} \left\{ \|x_i - x_j\| \right\} \right\}}{\max\limits_{0 \leq m \leq K} \max\limits_{\forall x_i, x_j \in C_m} \left\{ \|x_i - x_j\| \right\}}$$

邓恩指数表示任意两个簇元素的类间最短距离除以任意簇中类内的最大距离。DI 越大说明类内距离越小，同时类间距离越大，是评价聚类效果的另一个重要指标。

3. 泰森多边形

泰森多边形是对空间平面的一种剖分，其特点是多边形内的任何位置离该多边形的样点（如居民点）的距离最近，离相邻多边形内样点的距离远，且每个多边形内含且仅包含一个样点，是由一组由连接两邻点线段的垂直平分线组成的连续多边形组成。由于泰森多边形在空间剖分上的等分性特征，因此可用于解决最近点、最小封闭圆等问题，以及许多空间分析问题，如邻接、接近度和可达性分析等。

三、建模参数变量及方法的选择

针对多变量聚类分析模型建立的需要，在前面的工作基础上，拟定将 8 个常用元素和 6 个纤维形态参数作为研究卷烟纸品质差异的基本变量（其中包括：4 个金属元素"K、Ca、Na、Mg"，4 个非金属元素"C、O、P、Cl"，6 个纤维形态参数"纤维质均长度、纤维宽度、长宽比、扭结指数、弯曲指数、细小纤维含量"）。由此可见，影响卷烟纸品质的因素众多，各因素之间还可能存在复杂的耦合关系，在变量较多的情况下，仅通过人脑来完成分析卷烟纸品质差异的过程是繁琐复杂的。为了克服这一困难并且方便该方法的实际应用，可以基于统计学为基础的主成分分析和 K-means 聚类结合的方法，对卷烟纸的品质进行相似性聚类分析。

四、建模的具体实施方法

本研究共采用了 23 个同类卷烟纸样品，来自于国内不同厂家，每个样品均含有 14 个变量，包括：4 个金属元素"K、Ca、Na、Mg"，4 个非金属元素"C、O、P、Cl"，6 个纤维形态参数"纤维质均长度、纤维宽度、长宽比、扭结指数、弯曲指数、细小纤维含量"。由于变量过多，为方便理解和清晰阐述，本节只选择 8 个元素变量进行说明，并且从 23 个数据中取第 1 个数据，通过对该数据进行小幅修改，以此作为中心标准样输入。标准样品和 23 个卷烟纸样品的原始数据如表 4-4 所示。

表 4-4　标准样与 23 个卷烟纸样品原始数据

编号	样品	K/%	Ca/%	Na/%	Mg/%	C/%	O/%	P/%	Cl/%	纤维质均长度	纤维宽度	长宽比	扭结指数	弯曲指数	细小纤维含量
	标准样	0.1	3.5	0.3	0	45	50	0	0	0.9	13	65	1	10	30
1	WTS	0.1	3.82	0.33	0	45.64	50.12	0	0	0.92	13.39	68.33	1.017	9.5	28.17
2	HF-A	0.21	5.69	0.13	0.08	40.68	53.22	0	0	0.97	12.38	78.35	0.405	9.7	37.14
3	HF-B	2.35	0	0.12	0.18	49.22	48.13	0	0	0.88	12.28	71.66	0.345	8.8	35.42
4	JF-A	0.14	2.73	0.29	0	48.24	48.6	0	0	0.87	12.37	70.33	0.686	9.4	36.05
5	MF-A	0.1	2.07	0.25	0	49.57	48.01	0	0	0.86	12.5	68.4	0.518	9.8	25.28
6	MF-2A	0.18	2.77	0.24	0	48.35	48.46	0	0	0.88	12.65	69.57	0.267	9.2	15.48
7	NF-A	0.18	3.66	0.41	0	45.17	50.57	0	0	1.07	12.49	85.27	0.637	11.3	7.03
8	NF-B	0.16	3.26	0.38	0.07	46.41	49.72	0	0	1.07	12.59	84.62	0.481	11.8	6.94
9	HT-A	0.12	3.87	0.33	0	45.7	49.91	0	0.07	1.01	12.81	78.48	0.952	12.5	6.72

编号	样品	K/%	Ca/%	Na/%	Mg/%	C/%	O/%	P/%	Cl/%	纤维质均长度	纤维宽度	长宽比	扭结指数	弯曲指数	细小纤维含量
10	HT-B	0.13	3.22	0.33	0	47.27	48.98	0	0.07	0.92	12.32	74.68	0.707	13.55	8.86
11	yhns	0.15	3.62	0.35	0.08	45.76	50.03	0	0	1.12	12.66	88.47	2.16	17.3	9.36
12	ysay	0.2	5.76	0.14	0	41.15	52.75	0	0	0.94	12.54	74.99	0.612	15.65	9.94
13	ysbn	0.28	6.14	0.22	0.11	39.69	53.37	0.19	0	1.03	12.71	80.68	0.703	14.35	9.3
14	ysbn-g	0.29	4.21	0	0	44.92	50.53	0	0.05	1.02	12.78	79.81	1.021	12.3	6.48
15	ysjn	0.13	6.12	0	0.08	40.46	53.2	0	0	0.84	12.5	67.23	0.608	9.25	28.64
16	ZM-A	2.81	0	0.12	0.26	48.05	48.76	0	0	0.79	12.55	62.57	0.426	9.1	16.15
17	ZM-B	7.09	0	0	0.26	37.9	54.75	0	0	0.78	12.6	61.51	0.724	9.2	22.89
18	YN-1	0.11	4.13	0.39	0	45.08	50.29	0	0	0.68	13.29	51.01	0.8	18.85	11.98
19	A-2	0.29	5.9	0.28	0	39.9	53.62	0	0	0.65	12.58	51.67	0.55	17.8	12.82
20	B-2	0.14	3.29	0.22	0	46.85	49.5	0	0	0.65	12.79	52.32	0.89	17.75	13.02
21	C-2	0.18	6.04	0.15	0	40.38	53.25	0	0	0.74	12.7	58.1	0.7	10.9	7.72
22	D-2	0.2	3.04	0.19	0	47.09	49.44	0	0.04	0.78	12.77	61.1	0.62	13.95	7.6
23	E-2	0.09	6.84	0.16	0.09	38.7	54.11	0	0	0.74	12.89	58	0.75	16.9	10.07

本研究采用 Matlab 数学软件进行数据分析处理和模型的初步建立，使用主成分分析从多个变量中选择出最适当的几个主成分对训练集数据降维，然后将处理后的数据作为 K-means 聚类的原始数据。K-means 聚类提供两种模式，分别是有中心标准样的相似性分析和无中心标准样的聚类分析。有中心标准样的相似性分析将计算所有待测数据与中心标准样的欧氏距离，距离越小，表示该数据点与中心标准样的差异越小；距离越大，差异越大。无中心标准样的聚类分析将通过经典的无中心聚类算法计算所有待测数据之间的欧氏距离，并不断调整聚类中心，逐步逼近所有数据距离之和的最小值，最终分成几个聚类簇群，数据点处于同一个簇群的表示具有相似品质的卷烟纸。

 **基于金属元素含量的卷烟纸品质分析**

一、基于金属元素含量的卷烟纸相似性分析

由表 4-5、表 4-6 可以看出多个金属元素变量相互之间存在较大的相关性，且前 2 个主成分的累计贡献率大于 85%，因此需要对变量进行降维处理，取前 2 个主成分代替原有的 4 个金属元素变量。

表 4-5　各金属元素变量间的相关系数矩阵

	K/%	Ca/%	Na/%	Mg/%
K/%	1	—	—	—
Ca/%	−0.635	1	—	—
Na/%	−0.475	0.036	1	—
Mg/%	0.802	−0.495	−0.480	1

表 4-6　各主成分特征值、贡献率、累计贡献率

主成分	F_1	F_2	F_3	F_4
特征值	2.53	0.97	0.33	0.17
贡献率	63.35%	24.27%	8.26%	4.12%
累计贡献率	63.35%	87.62%	95.88%	100%

图 4-9 所示为 23 卷烟纸样品的数据和 1 个中心标准样数据的相似性得分图。由图 4-9 可以较为直观地观察出哪些待测样品的综合数据与标准样品的数据最为接近，即可表明这些待测数据点对应的国产卷烟纸样品与进口优质卷烟纸最为相似。但是，以二维坐标图的方式衡量国产卷烟纸与进口优质卷烟纸的具体差异大小依然存在一定难度。如图 4-9 所示，数据点 1 和数据点 9 与标准样最为接近，数据点 10、4 仅次于数据点 1、9，但无法定量比较这几个数据点与中心标准样的具体距离和差异。

表 4-7 所示为相似性分析结果和每个数据点的原始值。如表所示，由于每个待测数据的元素变量原始数值大小规律都不一样，难以通过简单分析得到待测数据点与中心标准样的距离结果，而"与中心点的差异"这一列的数据采用了 K-means 聚类的方法量化待测卷烟纸之间的差异，从这一列数据显然得到，待测数据点中距

离中心标准样的距离由小到大分别为：9，1，10，4，模型计算得到的结果也与实际情况相符。

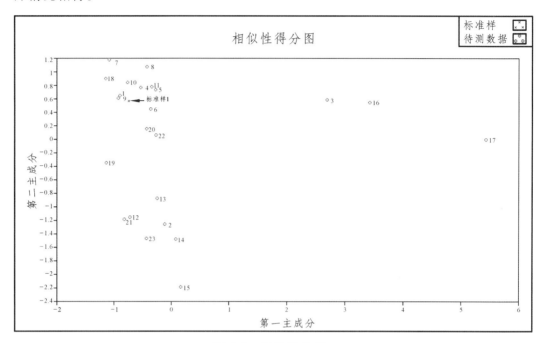

图 4-9　相似性分析

表 4-7　相似性分析结果

编号	类别	与中心点的差异	K/%	Ca/%	Na/%	Mg/%
标准样	1	—	0.1	3.5	0.3	0
9	1	0.176	0.12	3.87	0.33	0
1	1	0.179	0.1	3.82	0.33	0
10	1	0.279	0.13	3.22	0.33	0
4	1	0.294	0.14	2.73	0.29	0
6	1	0.394	0.18	2.77	0.24	0
11	1	0.448	0.15	3.62	0.35	0.08
5	1	0.501	0.1	2.07	0.25	0
20	1	0.516	0.14	3.29	0.22	0

编号	类别	与中心点的差异	K/%	Ca/%	Na/%	Mg/%
18	1	0.531	0.11	4.13	0.39	0
8	1	0.606	0.16	3.26	0.38	0.07
22	1	0.699	0.2	3.04	0.19	0
7	1	0.708	0.18	3.66	0.41	0
19	1	1.001	0.29	5.9	0.28	0
13	1	1.54	0.28	6.14	0.22	0.11
12	1	1.73	0.2	5.76	0.14	0
21	1	1.765	0.18	6.04	0.15	0
2	1	1.94	0.21	5.69	0.13	0.08
23	1	2.073	0.09	6.84	0.16	0.09
14	1	2.221	0.29	4.21	0	0
15	1	2.918	0.13	6.12	0	0.08
3	1	3.455	2.35	0	0.12	0.18
16	1	4.193	2.81	0	0.12	0.26
17	1	6.239	7.09	0	0	0.26

二、基于金属元素含量的卷烟纸聚类分析

图 4-10 为 23 个待测数据和 1 个中心标准样的聚类得分图。从图 4-10 中可以看出 3 个群体的待测数据点聚类成簇，处在同一类群的待测数据点表明其对应的纸品最为相似。表 4-8 所示为聚类分析结果和每个数据点的原始值。如表所示，"类别"表示数据点所处的类群，"与中心点的差异"表示某一类群中各个待测点与其类群的中心的距离，模型计算得到的结果也与实际情况相符。不过值得注意的是，数据点 17 与其他数据的差异比较大，此处作为待定点。

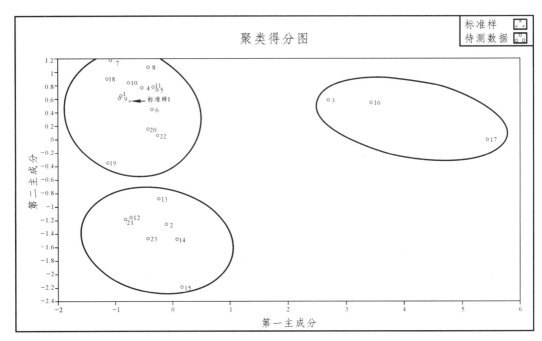

图 4-10 聚类分析

表 4-8 聚类分析结果

编号	类别	与中心点的差异	K/%	Ca/%	Na/%	Mg/%
标准样	2	0	0.1	3.5	0.3	0
16	1	0	2.81	0	0.12	0.26
3	1	0.74	2.35	0	0.12	0.18
17	1	2.094	7.09	0	0	0.26
9	2	0.176	0.12	3.87	0.33	0
1	2	0.179	0.1	3.82	0.33	0
10	2	0.279	0.13	3.22	0.33	0
4	2	0.294	0.14	2.73	0.29	0
6	2	0.394	0.18	2.77	0.24	0
11	2	0.448	0.15	3.62	0.35	0.08
5	2	0.501	0.1	2.07	0.25	0
20	2	0.516	0.14	3.29	0.22	0
18	2	0.531	0.11	4.13	0.39	0

续表

编号	类别	与中心点的差异	K/%	Ca/%	Na/%	Mg/%
8	2	0.606	0.16	3.26	0.38	0.07
22	2	0.699	0.2	3.04	0.19	0
7	2	0.708	0.18	3.66	0.41	0
19	2	1.001	0.29	5.9	0.28	0
23	3	0	0.09	6.84	0.16	0.09
2	3	0.388	0.21	5.69	0.13	0.08
12	3	0.429	0.2	5.76	0.14	0
21	3	0.481	0.18	6.04	0.15	0
14	3	0.518	0.29	4.21	0	0
13	3	0.621	0.28	6.14	0.22	0.11
15	3	0.936	0.13	6.12	0	0.08

第四节　基于非金属元素含量的卷烟纸品质分析

▶▶▶▶▶▶▶▶▶

一、基于非金属元素含量的卷烟纸相似性分析

由表 4-9 和表 4-10 可以看出部分非金属元素变量相互之间存在较大的相关性，而另一些非金属元素之间几乎不存在相关性，前 3 个主成分的累计贡献率接近 100%，因此可以取前 3 个主成分代替原有的 4 个非金属元素变量。

表 4-9　卷烟纸表面非金属元素变量间的相关系数矩阵

	C/%	O/%	P/%	Cl/%
C/%	1	—	—	—
O/%	-0.998	1	—	—
P/%	-0.281	0.256	1	—
Cl/%	0.223	-0.245	-0.095	1

表 4-10　各主成分特征值、贡献率、累计贡献率

主成分	F_1	F_2	F_3	F_4
特征值	2.223	0.910	0.866	0.001
贡献率	55.58%	22.75%	21.65%	0.02%
累计贡献率	55.58%	78.33%	99.98%	100%

如图 4-11 所示为 23 个待测数据和 1 个中心标准样的相似性得分图。从图 4-11 可以看出哪些待测数据点与中心标准样最为接近，表明从非金属元素角度分析，这些待测数据点对应的纸品与中心标准样所对应的纸品最为相似。表 4-11 所示为相似性分析结果和每个数据点的原始值。如表所示，"与中心点的差异"这一列的数据可以看出，待测数据点中距离中心标准样的距离由小到大分别为：18，1，11，7，模型计算得到的结果也与实际情况相符。

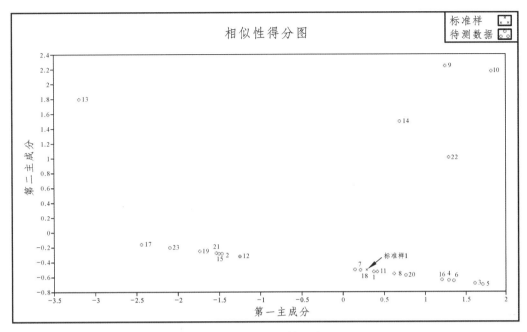

图 4-11 相似性分析

表 4-11 相似性分析结果

编号	类别	与中心点的差异	C/%	O/%	P/%	Cl/%
标准样	1	—	45	50	0	0
18	1	0.082	45.08	50.29	0	0
1	1	0.085	45.64	50.12	0	0
11	1	0.139	45.76	50.03	0	0
7	1	0.158	45.17	50.57	0	0
8	1	0.37	46.41	49.72	0	0
20	1	0.53	46.85	49.5	0	0
16	1	1.013	48.05	48.76	0	0
4	1	1.103	48.24	48.6	0	0
6	1	1.172	48.35	48.46	0	0
3	1	1.453	49.22	48.13	0	0
5	1	1.561	49.57	48.01	0	0
12	1	1.675	41.15	52.75	0	0
22	1	1.869	47.09	49.44	0	0.04
2	1	1.924	40.68	53.22	0	0
15	1	1.961	40.46	53.2	0	0

编号	类别	与中心点的差异	C/%	O/%	P/%	Cl/%
21	1	1.993	40.38	53.25	0	0
19	1	2.211	39.9	53.62	0	0
14	1	2.223	44.92	50.53	0	0.05
23	1	2.61	38.7	54.11	0	0
17	1	2.981	37.9	54.75	0	0
9	1	3.107	45.7	49.91	0	0.07
10	1	3.201	47.27	48.98	0	0.07
13	1	5.355	39.69	53.37	0.19	0

二、基于非金属元素含量的卷烟纸聚类分析

如图 4-12 所示为 23 个待测数据和 1 个中心标准样的聚类得分图。显然，从图 4-12 可以看出有 4 个群体的待测数据点聚类成簇，处在同一类群的待测数据点表明其对应的纸品最为相似。表 4-12 所示为聚类分析结果和每个数据点的原始值。如表所示，"类别"表示数据点所处的类群，"与中心点的差异"表示某一类群中各个待测点与其类群的中心的距离，模型计算得到的结果也与实际情况相符。

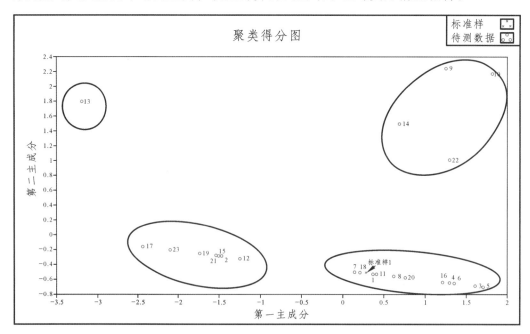

图 4-12　聚类分析

表 4-12   聚类分析结果

编号	类别	与中心点的差异	C/%	O/%	P/%	Cl/%
标准样	4	0.53	45	50	0	0
21	1	0	40.38	53.25	0	0
15	1	0.032	40.46	53.2	0	0
2	1	0.069	40.68	53.22	0	0
19	1	0.218	39.9	53.62	0	0
12	1	0.318	41.15	52.75	0	0
23	1	0.617	38.7	54.11	0	0
17	1	0.988	37.9	54.75	0	0
13	2	0	39.69	53.37	0.19	0
9	3	0	45.7	49.91	0	0.07
10	3	0.619	47.27	48.98	0	0.07
14	3	0.958	44.92	50.53	0	0.05
22	3	1.399	47.09	49.44	0	0.04
20	4	0	46.85	49.5	0	0
8	4	0.16	46.41	49.72	0	0
11	4	0.391	45.76	50.03	0	0
1	4	0.445	45.64	50.12	0	0
16	4	0.483	48.05	48.76	0	0
4	4	0.574	48.24	48.6	0	0
18	4	0.611	45.08	50.29	0	0
6	4	0.642	48.35	48.46	0	0
7	4	0.687	45.17	50.57	0	0
3	4	0.923	49.22	48.13	0	0
5	4	1.032	49.57	48.01	0	0

基于元素种类与含量的卷烟纸品质分析
▶▶▶▶▶▶▶▶▶

一、基于元素种类与含量的卷烟纸相似性分析

由表 4-13 与表 4-14 可以看出多个变量之间存在较大的相关性,且前 4 个主成分的累计贡献率大于 90%,因此需要对变量进行降维处理,取前 4 个主成分代替原有的 8 个变量。

表 4-13　主成分分析各元素变量间的相关系数矩阵

	K/%	Ca/%	Na/%	Mg/%	C/%	O/%	P/%	Cl/%
K/%	1	—	—	—	—	—	—	—
Ca/%	-0.635	1	—	—	—	—	—	—
Na/%	-0.475	0.036	1	—	—	—	—	—
Mg/%	0.802	-0.495	-0.480	1	—	—	—	—
C/%	-0.211	-0.618	0.402	-0.198	1	—	—	—
O/%	0.223	0.605	-0.416	0.205	-0.998	1	—	—
P/%	0.056	0.262	0.002	0.152	-0.281	0.256	1	—
Cl/%	-0.147	-0.033	0.056	-0.292	0.223	-0.245	-0.095	1

表 4-14　各主成分特征值、贡献率、累计贡献率

主成分	F_1	F_2	F_3	F_4	F_5	F_6	F_7	F_8^*
特征值	2.945	2.489	1.022	0.873	0.492	0.176	0.003	0
贡献率	36.81%	31.12%	12.78%	10.91%	6.15%	2.20%	0.03%	0
累计贡献率	36.81%	67.93%	80.71%	91.62%	97.77%	99.97%	100%	100%

注:　*第 8 主成分的特征值为 1.05×10^{-6},远远小于其余主成分的特征值,因此做约等于 0
　　处理。

如图 4-13 所示为 23 个待测数据和 1 个中心标准样的相似性得分图。从图 4-13 可以看出哪些待测数据点与中心标准样最为接近,表明这些待测数据点对应的纸品与中心标准样所对应的纸品最为相似,但是从图 4-13 不难看出与标准样最接近的为待测数据点 1,而数据点 7、11、18、20 都仅次于数据点 1,无法通过观察图 4-13

比较这几个数据点与中心标准样的距离。

表 4-15 所示为相似性分析结果和每个数据点的原始值。如表所示，"与中心点的差异"这一列可以看出待测数据点中距离中心标准样的距离由小到大分别为：1，20，7，18，11，模型计算得到的结果也与标准样根据第 1 个样品数据做出小调整的实际情况相符。

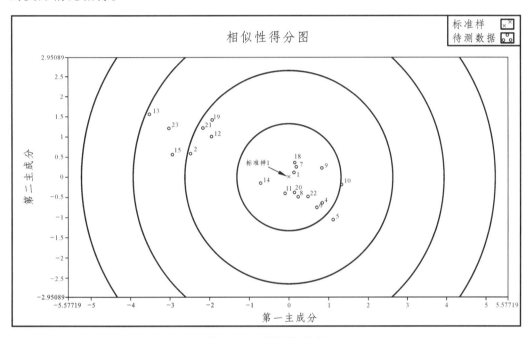

图 4-13　相似性分析

表 4-15　相似性分析结果

编号	类别	与中心点的差异	K/%	Ca/%	Na/%	Mg/%	C/%	O/%	P/%	Cl/%
标准样	1	—	0.1	3.5	0.3	0	45	50	0	0
1	1	0.2	0.1	3.82	0.33	0	45.64	50.12	0	0
20	1	0.46	0.14	3.29	0.22	0	46.85	49.5	0	0
7	1	0.462	0.18	3.66	0.41	0	45.17	50.57	0	0
18	1	0.477	0.11	4.13	0.39	0	45.08	50.29	0	0
11	1	0.554	0.15	3.62	0.35	0.08	45.76	50.03	0	0
8	1	0.738	0.16	3.26	0.38	0.07	46.41	49.72	0	0
6	1	1.053	0.18	2.77	0.24	0	48.35	48.46	0	0

续表

编号	类别	与中心点的差异	K/%	Ca/%	Na/%	Mg/%	C/%	O/%	P/%	Cl/%
4	1	1.081	0.14	2.73	0.29	0	48.24	48.6	0	0
5	1	1.558	0.1	2.07	0.25	0	49.57	48.01	0	0
22	1	2.042	0.2	3.04	0.19	0	47.09	49.44	0	0.04
12	1	2.36	0.2	5.76	0.14	0	41.15	52.75	0	0
19	1	2.46	0.29	5.9	0.28	0	39.9	53.62	0	0
21	1	2.651	0.18	6.04	0.15	0	40.38	53.25	0	0
2	1	2.671	0.21	5.69	0.13	0.08	40.68	53.22	0	0
9	1	2.933	0.12	3.87	0.33	0	45.7	49.91	0	0.07
14	1	3.065	0.29	4.21	0	0	44.92	50.53	0	0.05
10	1	3.09	0.13	3.22	0.33	0	47.27	48.98	0	0.07
15	1	3.233	0.13	6.12	0	0.08	40.46	53.2	0	0
23	1	3.347	0.09	6.84	0.16	0.09	38.7	54.11	0	0
3	1	3.679	2.35	0	0.12	0.18	49.22	48.13	0	0
16	1	4.268	2.81	0	0.12	0.26	48.05	48.76	0	0
13	1	5.706	0.28	6.14	0.22	0.11	39.69	53.37	0.19	0
17	1	6.889	7.09	0	0	0.26	37.9	54.75	0	0

二、基于元素种类与含量的卷烟纸聚类分析

如图4-14所示为23个待测数据和1个中心标准样的聚类得分图。显然，从图4-14可以看出大概有3个群体的待测数据点聚类成簇，处在同一类群的待测数据点表明其对应的纸品最为相似。表4-16所示为聚类分析结果和每个数据点的原始值。如表所示，"类别"表示数据点所处的类群，"与中心点的差异"表示某一类群中各个待测点与其类群的中心的距离，模型计算得到的结果也与实际情况相符。值得注意的是，数据点17无论从图4-14观察或者从表4-16的数据显示，此点与其他任何数据点差异明显，根据原始数据发现，数据点17的Na元素含量达到7.09，与其他数据点大小差值明显，因此导致此数据点远离任何簇群，此处可标为异常点。

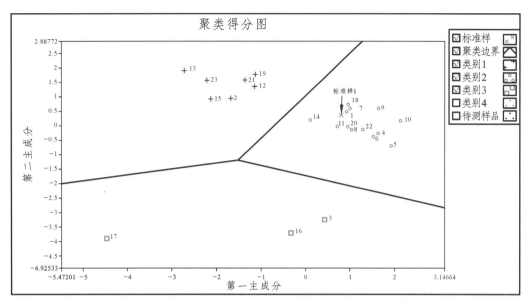

图 4-14 聚类分析

表 4-16 聚类分析结果

编号	类别	与中心点的差异	K/%	Ca/%	Na/%	Mg/%	C/%	O/%	P/%	Cl/%
标准样	3	0.46	0.1	3.5	0.3	0	45	50	0	0
16	1	0	2.81	0	0.12	0.26	48.05	48.76	0	0
3	1	0.877	2.35	0	0.12	0.18	49.22	48.13	0	0
21	2	0	0.18	6.04	0.15	0	40.38	53.25	0	0
12	2	0.316	0.2	5.76	0.14	0	41.15	52.75	0	0
19	2	0.508	0.29	5.9	0.28	0	39.9	53.62	0	0
2	2	0.725	0.21	5.69	0.13	0.08	40.68	53.22	0	0
23	2	0.853	0.09	6.84	0.16	0.09	38.7	54.11	0	0
15	2	1.075	0.13	6.12	0	0.08	40.46	53.2	0	0
13	2	5.118	0.28	6.14	0.22	0.11	39.69	53.37	0.19	0
20	3	0	0.14	3.29	0.22	0	46.85	49.5	0	0
1	3	0.583	0.1	3.82	0.33	0	45.64	50.12	0	0
11	3	0.586	0.15	3.62	0.35	0.08	45.76	50.03	0	0
8	3	0.675	0.16	3.26	0.38	0.07	46.41	49.72	0	0
6	3	0.706	0.18	2.77	0.24	0	48.35	48.46	0	0

续表

编号	类别	与中心点的差异	K/%	Ca/%	Na/%	Mg/%	C/%	O/%	P/%	Cl/%
4	3	0.813	0.14	2.73	0.29	0	48.24	48.6	0	0
7	3	0.829	0.18	3.66	0.41	0	45.17	50.57	0	0
18	3	0.879	0.11	4.13	0.39	0	45.08	50.29	0	0
5	3	1.222	0.1	2.07	0.25	0	49.57	48.01	0	0
22	3	1.766	0.2	3.04	0.19	0	47.09	49.44	0	0.04
9	3	2.77	0.12	3.87	0.33	0	45.7	49.91	0	0.07
10	3	2.859	0.13	3.22	0.33	0	47.27	48.98	0	0.07
14	3	2.918	0.29	4.21	0	0	44.92	50.53	0	0.05
17	异常点	4.349	7.09	0	0	0.26	37.9	54.75	0	0

第六节 基于纤维形态参数的卷烟纸聚类分析案例

一、基于纤维形态参数的卷烟纸相似性分析

由表 4-17 与表 4-18 可以看出多个变量之间存在较大的相关性，个别变量相关性不大，且前 4 个主成分的累计贡献率大于 90%，因此可对变量进行降维处理，取前 4 个主成分代替原有的 6 个变量。

表 4-17　主成分分析各纤维形态变量间的相关系数矩阵

	纤维质均长度	纤维宽度	长宽比	扭结指数	弯曲指数	细小纤维含量
纤维质均长度	1	—	—	—	—	—
纤维宽度	−0.216	1	—	—	—	—
长宽比	0.991	−0.337	1	—	—	—
扭结指数	0.317	0.337	0.271	1	—	—
弯曲指数	−0.242	0.370	−0.262	0.439	1	—
细小纤维含量	−0.106	−0.275	−0.071	−0.285	−0.584	1

表 4-18　各主成分特征值、贡献率、累计贡献率

主成分	F_1	F_2	F_3	F_4	F_5	F_6^*
特征值	2.33	2.09	0.79	0.55	0.23	0
贡献率	38.86%	34.88%	13.23%	9.24%	3.79%	0%
累计贡献率	38.86%	73.74%	86.97%	96.21%	100%	100%

注：*第 6 主成分的特征值为 $4.76×10^{-4}$，远远小于其余主成分的特征值，因此做约等于 0 处理。

如图 4-15 所示为 23 个待测数据和 1 个中心标准样的相似性得分图。从图 4-15 可以看出哪些待测数据点与中心标准样最为接近，表明这些待测数据点对应的纸品与中心标准样所对应的纸品最为相似。由于纤维形态在测量时不可避免存在一定误差，因此聚类效果并不如其余模块好，但也可以作为重要参考。

表 4-19 所示为相似性分析结果和每个数据点的原始值。如表所示，"与中心点的差异"这一列可以看出待测数据点中距离中心标准样的距离由小到大分别为：1，17，15，4，5。

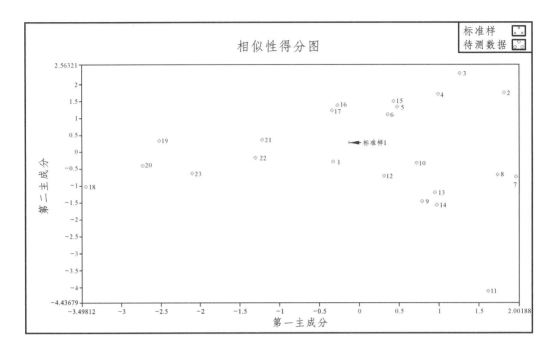

图 4-15　相似性分析

表 4-19　相似性分析结果

编号	类别	与中心点的差异	纤维质均长度	纤维宽度	长宽比	扭结指数	弯曲指数	细小纤维含量
标准样	1	—	0.9	13	65	1	10	30
1	1	1.021	0.92	13.39	68.33	1.017	9.5	28.17
17	1	1.861	0.78	12.6	61.51	0.724	9.2	22.89
15	1	2.118	0.84	12.5	67.23	0.608	9.25	28.64
4	1	2.315	0.87	12.37	70.33	0.686	9.4	36.05
5	1	2.316	0.86	12.5	68.4	0.518	9.8	25.28
6	1	2.607	0.88	12.65	69.57	0.267	9.2	15.48
21	1	2.624	0.74	12.7	58.1	0.7	10.9	7.72
16	1	2.661	0.79	12.55	62.57	0.426	9.1	16.15
9	1	2.779	1.01	12.81	78.48	0.952	12.5	6.72

续表

编号	类别	与中心点的差异	纤维质均长度	纤维宽度	长宽比	扭结指数	弯曲指数	细小纤维含量
14	1	2.895	1.02	12.78	79.81	1.021	12.3	6.48
22	1	2.897	0.78	12.77	61.1	0.62	13.95	7.6
2	1	2.969	0.97	12.38	78.35	0.405	9.7	37.14
13	1	3.12	1.03	12.71	80.68	0.703	14.35	9.3
23	1	3.18	0.74	12.89	58	0.75	16.9	10.07
3	1	3.196	0.88	12.28	71.66	0.345	8.8	35.42
12	1	3.307	0.94	12.54	74.99	0.612	15.65	9.94
10	1	3.526	0.92	12.32	74.68	0.707	13.55	8.86
20	1	3.542	0.65	12.79	52.32	0.89	17.75	13.02
8	1	3.622	1.07	12.59	84.62	0.481	11.8	6.94
7	1	3.751	1.07	12.49	85.27	0.637	11.3	7.03
18	1	3.864	0.68	13.29	51.01	0.8	18.85	11.98
19	1	4.001	0.65	12.58	51.67	0.55	17.8	12.82
11	1	4.849	1.12	12.66	88.47	2.16	17.3	9.36

二、基于纤维形态参数的卷烟纸聚类分析

如图 4-16 所示为 23 个待测数据和 1 个中心标准样的聚类得分图。从图 4-16 可以看出有 4 个群体的待测数据点聚类成簇，处在同一类群的待测数据点表明其对应的纸品最为相似。表 4-20 所示为聚类分析结果和每个数据点的原始值。如表所示，"类别"表示数据点所处的类群，"与中心点的差异"表示某一类群中各个待测点与其类群的中心的距离。

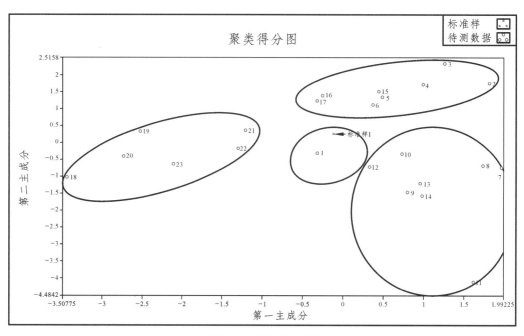

图 4-16 聚类分析

表 4-20 聚类分析结果

编号	类别	与中心点的差异	纤维质均长度	纤维宽度	长宽比	扭结指数	弯曲指数	细小纤维含量
标准样	3	0	0.9	13	65	1	10	30
13	1	0	1.03	12.71	80.68	0.703	14.35	9.3
9	1	0.625	1.01	12.81	78.48	0.952	12.5	6.72
14	1	0.678	1.02	12.78	79.81	1.021	12.3	6.48
12	1	0.995	0.94	12.54	74.99	0.612	15.65	9.94
8	1	1.04	1.07	12.59	84.62	0.481	11.8	6.94
7	1	1.192	1.07	12.49	85.27	0.637	11.3	7.03
10	1	1.229	0.92	12.32	74.68	0.707	13.55	8.86
11	1	3.312	1.12	12.66	88.47	2.16	17.3	9.36
5	2	0	0.86	12.5	68.4	0.518	9.8	25.28
15	2	0.382	0.84	12.5	67.23	0.608	9.25	28.64
6	2	0.522	0.88	12.65	69.57	0.267	9.2	15.48
4	2	0.839	0.87	12.37	70.33	0.686	9.4	36.05

编号	类别	与中心点的差异	纤维质均长度	纤维宽度	长宽比	扭结指数	弯曲指数	细小纤维含量
16	2	0.869	0.79	12.55	62.57	0.426	9.1	16.15
17	2	0.909	0.78	12.6	61.51	0.724	9.2	22.89
3	2	1.262	0.88	12.28	71.66	0.345	8.8	35.42
2	2	1.431	0.97	12.38	78.35	0.405	9.7	37.14
1	3	1.021	0.92	13.39	68.33	1.017	9.5	28.17
23	4	0	0.74	12.89	58	0.75	16.9	10.07
20	4	0.672	0.65	12.79	52.32	0.89	17.75	13.02
22	4	0.955	0.78	12.77	61.1	0.62	13.95	7.6
21	4	1.334	0.74	12.7	58.1	0.7	10.9	7.72
19	4	1.376	0.65	12.58	51.67	0.55	17.8	12.82
18	4	1.663	0.68	13.29	51.01	0.8	18.85	11.98

第七节 基于综合性能指标的卷烟纸品质分析
▶▶▶▶▶▶▶▶▶

一、基于综合性能指标的卷烟纸相似性分析

在这里，综合卷烟纸的元素种类与含量、纤维形态参数进行综合分析。由表4-21、表4-22可以看出大部分变量之间存在较大的相关性，个别变量相关性不大，且前6个主成分的累计贡献率大于85%，因此可对变量进行降维处理，舍弃后面的8个主成分，取前6个主成分代替原有的14个变量。

如图4-17所示为23个待测数据和1个中心标准样的相似性得分图。从图4-17可以看出哪些待测数据点与中心标准样最为接近，表明这些待测数据点对应的纸品与中心标准样所对应的纸品最为相似。但由于图4-17的聚类得分图是二维图形，而且至多也只能画三维图形，因此只能代表前2个或3个主成分，并不能完全表达聚类分析的效果，在图4-17中与标准样最接近的分别是22、1、14。

表4-23所示为相似性分析结果和每个数据点的原始值，可以完全反映数据点的差异。如表4-23所示，"与中心点的差异"这一列可以看出待测数据点中距离中心标准样的距离由小到大分别为：1，4，5，6，与图4-17不完全相同，而实际情况也是与表4-23的结果相似，因此在变量较多、主成分较多的情况下，表格的数据更为精确。

表 4-21 主成分分析各变量间的相关系数矩阵

	K/%	Ca/%	Na/%	Mg/%	C/%	O/%	P/%	Cl/%	纤维质均长度	纤维宽度	长宽比	扭结指数	弯曲指数	细小纤维含量
K/%	1	—	—	—	—	—	—	—	—	—	—	—	—	—
Ca/%	-0.64	1	—	—	—	—	—	—	—	—	—	—	—	—
Na/%	-0.47	0.04	1	—	—	—	—	—	—	—	—	—	—	—
Mg/%	0.80	-0.50	-0.48	1	—	—	—	—	—	—	—	—	—	—
C/%	-0.21	-0.62	0.40	-0.20	1	—	—	—	—	—	—	—	—	—
O/%	0.22	0.61	-0.42	0.20	-1.00	1	—	—	—	—	—	—	—	—
P/%	-0.06	0.26	0.00	0.15	-0.28	0.26	1	—	—	—	—	—	—	—
Cl/%	-0.15	-0.03	0.06	-0.29	0.22	-0.25	-0.09	1	—	—	—	—	—	—
纤维质均长度	-0.19	0.01	0.23	-0.03	0.16	-0.17	0.24	0.22	1	—	—	—	—	—
纤维宽度	-0.17	0.23	0.24	-0.26	-0.10	0.08	0.04	-0.02	-0.22	1	—	—	—	—
长宽比	-0.17	-0.01	0.20	-0.01	0.17	-0.18	0.22	0.21	0.99	-0.34	1	—	—	—
扭结指数	-0.13	0.12	0.23	-0.12	-0.02	0.01	-0.01	0.14	0.32	0.34	0.27	1	—	—
弯曲指数	-0.35	0.45	0.33	-0.33	-0.22	0.21	0.12	0.06	-0.24	0.37	-0.26	0.44	1	—
细小纤维含量	0.24	-0.27	-0.28	0.28	0.10	-0.08	-0.14	-0.38	-0.11	-0.27	-0.07	-0.29	-0.58	1

表 4-22　各主成分特征值、贡献率、累计贡献率

主成分	F_1	F_2	F_3	F_4	F_5	F_6^*
特征值	3.48	3.15	2.20	1.40	1.10	0.89
贡献率	24.87%	22.49%	15.69%	10.02%	7.87%	6.33%
累计贡献率	24.87%	47.36%	63.05%	73.07%	80.94%	87.27%

注：*第 6 主成分的累计贡献率已达 87.27%，之后的主成分贡献率较低，因此做舍去处理。

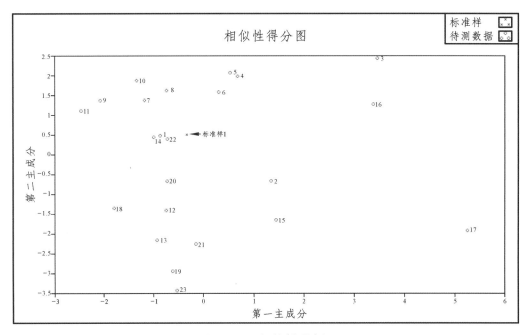

图 4-17　相似性分析

表 4-23 相似性分析结果

编号	样品	与中心点的差异	K/%	Ca/%	Na/%	Mg/%	C/%	O/%	P/%	Cl/%	纤维质均长度	纤维宽度	长宽比	扭结指数	弯曲指数	细小纤维含量
标准样	1	—	0.1	3.5	0.3	0	45	50	0	0	0.9	13	65	1	10	30
1	1	0.895	0.1	3.82	0.33	0	45.64	50.12	0	0	0.92	13.39	68.33	1.017	9.5	28.17
4	1	2.392	0.14	2.73	0.29	0	48.24	48.6	0	0	0.87	12.37	70.33	0.686	9.4	36.05
5	1	2.665	0.1	2.07	0.25	0	49.57	48.01	0	0	0.86	12.5	68.4	0.518	9.8	25.28
6	1	2.723	0.18	2.77	0.24	0	48.35	48.46	0	0	0.88	12.65	69.57	0.267	9.2	15.48
7	1	3.068	0.18	3.66	0.41	0	45.17	50.57	0	0	1.07	12.49	85.27	0.637	11.3	7.03
8	1	3.105	0.16	3.26	0.38	0.07	46.41	49.72	0	0	1.07	12.59	84.62	0.481	11.8	6.94
20	1	3.219	0.14	3.29	0.22	0	46.85	49.5	0	0	0.65	12.79	52.32	0.89	17.75	13.02
12	1	3.516	0.2	5.76	0.14	0	41.15	52.75	0	0	0.94	12.54	74.99	0.612	15.65	9.94
22	1	3.52	0.2	3.04	0.19	0	47.09	49.44	0	0.04	0.78	12.77	61.1	0.62	13.95	7.6
21	1	3.588	0.18	6.04	0.15	0	40.38	53.25	0	0	0.74	12.7	58.1	0.7	10.9	7.72
18	1	3.866	0.11	4.13	0.39	0	45.08	50.29	0	0	0.68	13.29	51.01	0.8	18.85	11.98
2	1	3.954	0.21	5.69	0.13	0.08	40.68	53.22	0	0	0.97	12.38	78.35	0.405	9.7	37.14
15	1	3.956	0.13	6.12	0	0.08	40.46	53.2	0	0	0.84	12.5	67.23	0.608	9.25	28.64

续表

编号	样品	与中心点的差异	K/%	Ca/%	Na/%	Mg/%	C/%	O/%	P/%	Cl/%	纤维质均长度	纤维宽度	长宽比	扭结指数	细小纤维含量
14	1	4.095	0.29	4.21	0	0	44.92	50.53	0	0.05	1.02	12.78	79.81	1.021	6.48
9	1	4.144	0.12	3.87	0.33	0	45.7	49.91	0	0.07	1.01	12.81	78.48	0.952	6.72
19	1	4.356	0.29	5.9	0.28	0	39.9	53.62	0	0	0.65	12.58	51.67	0.55	12.82
23	1	4.428	0.09	6.84	0.16	0.09	38.7	54.11	0	0	0.74	12.89	58	0.75	10.07
11	1	4.551	0.15	3.62	0.35	0.08	45.76	50.03	0	0	1.12	12.66	88.47	2.16	9.36
10	1	4.615	0.13	3.22	0.33	0	47.27	48.98	0	0.07	0.92	12.32	74.68	0.707	8.86
3	1	4.772	2.35	0	0.12	0.18	49.22	48.13	0	0	0.88	12.28	71.66	0.345	35.42
16	1	4.928	2.81	0	0.12	0.26	48.05	48.76	0	0	0.79	12.55	62.57	0.426	16.15
13	1	6.5	0.28	6.14	0.22	0.11	39.69	53.37	0.19	0	1.03	12.71	80.68	0.703	9.3
17	1	7.185	7.09	0	0	0.26	37.9	54.75	0	0	0.78	12.6	61.51	0.724	22.89

二、基于综合性能指标的卷烟纸聚类分析

如图 4-18 所示为 23 个待测数据和 1 个中心标准样的聚类得分图。由于图 4-18 只能代表前 2 个或 3 个主成分，并不能完全表达聚类分析的效果。表 4-24 可以弥补图 4-18 的不足，如表所示，"类别"表示数据点所处的类群，"与中心点的差异"表示某一类群中各个待测点与其类群的中心的距离，可以真实反映出每个数据点与中心标准样的差异。

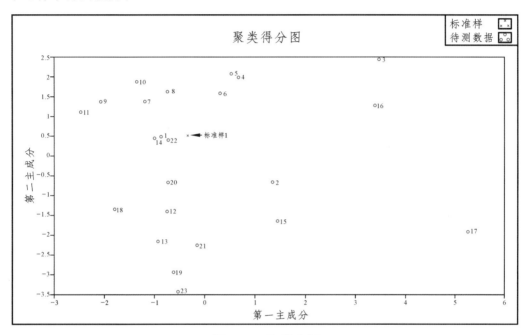

图 4-18　聚类分析

表4-24 聚类分析结果

编号	样品	与中心点的差异	K/%	Ca/%	Na/%	Mg/%	C/%	O/%	P/%	Cl/%	纤维质均长度	纤维宽度	长宽比	扭结指数	弯曲指数	细小纤维含量
标准样	2	2.665	0.1	3.5	0.3	0	45	50	0	0	0.9	13	65	1	10	30
9	1	0	0.12	3.87	0.33	0	45.7	49.91	0	0.07	1.01	12.81	78.48	0.952	12.5	6.72
10	1	1.679	0.13	3.22	0.33	0	47.27	48.98	0	0.07	0.92	12.32	74.68	0.707	13.55	8.86
14	1	1.74	0.29	4.21	0	0	44.92	50.53	0	0.05	1.02	12.78	79.81	1.021	12.3	6.48
7	1	2.589	0.18	3.66	0.41	0	45.17	50.57	0	0	1.07	12.49	85.27	0.637	11.3	7.03
22	1	2.841	0.2	3.04	0.19	0	47.09	49.44	0	0.04	0.78	12.77	61.1	0.62	13.95	7.6
11	1	3.854	0.15	3.62	0.35	0.08	45.76	50.03	0	0	1.12	12.66	88.47	2.16	17.3	9.36
5	2	0	0.1	2.07	0.25	0	49.57	48.01	0	0	0.86	12.5	68.4	0.518	9.8	25.28
6	2	0.762	0.18	2.77	0.24	0	48.35	48.46	0	0	0.88	12.65	69.57	0.267	9.2	15.48
4	2	0.956	0.14	2.73	0.29	0	48.24	48.6	0	0	0.87	12.37	70.33	0.686	9.4	36.05
8	2	2.709	0.16	3.26	0.38	0.07	46.41	49.72	0	0	1.07	12.59	84.62	0.481	11.8	6.94
3	2	3.207	2.35	0	0.12	0.18	49.22	48.13	0	0	0.88	12.28	71.66	0.345	8.8	35.42
1	2	3.367	0.1	3.82	0.33	0	45.64	50.12	0	0	0.92	13.39	68.33	1.017	9.5	28.17
16	2	3.898	2.81	0	0.12	0.26	48.05	48.76	0	0	0.79	12.55	62.57	0.426	9.1	16.15

续表

编号	样品	与中心点的差异	K/%	Ca/%	Na/%	Mg/%	C/%	O/%	P/%	Cl/%	纤维质均长度	纤维宽度	长宽比	扭结指数	细小纤维含量
21	3	0	0.18	6.04	0.15	0	40.38	53.25	0	0	0.74	12.7	58.1	0.7	7.72
19	3	1.55	0.29	5.9	0.28	0	39.9	53.62	0	0	0.65	12.58	51.67	0.55	12.82
23	3	1.575	0.09	6.84	0.16	0.09	38.7	54.11	0	0	0.74	12.89	58	0.75	10.07
12	3	1.796	0.2	5.76	0.14	0	41.15	52.75	0	0	0.94	12.54	74.99	0.612	9.94
15	3	2.483	0.13	6.12	0	0.08	40.46	53.2	0	0	0.84	12.5	67.23	0.608	28.64
20	3	3.208	0.14	3.29	0.22	0	46.85	49.5	0	0	0.65	12.79	52.32	0.89	13.02
2	3	3.548	0.21	5.69	0.13	0.08	40.68	53.22	0	0	0.97	12.38	78.35	0.405	37.14
18	3	4.008	0.11	4.13	0.39	0	45.08	50.29	0	0	0.68	13.29	51.01	0.8	11.98
13	3	5.647	0.28	6.14	0.22	0.11	39.69	53.37	0.19	0	1.03	12.71	80.68	0.703	9.3
17	3	6.514	7.09	0	0	0.26	37.9	54.75	0	0	0.78	12.6	61.51	0.724	22.89

卷烟纸质量参数的控制及评价的软件设计及使用

高质量卷烟纸的生产不仅工艺复杂，还涉及技术保密（如原材料的选材、合理的配比、抄造工艺参数选择）。我国的造纸企业早期不具备生产高品质卷烟纸的能力，这也造成了进口卷烟纸的价格高居不下。虽然随着一些进口的设备实现了国产化、各种技术和设备水平的提高，许多企业开始生产高档卷烟纸，但是，在综合品质方面与国外优质产品还有一定的差距。

为了提高卷烟纸的质量，常规的做法是对卷烟纸各个物性指标与国外产品进行对比，从而找出改进方法。然而，鉴于纸张的综合品质是由各种参数交互作用集成（包括物理性能原料配比、生产工艺等）的"多变量"体系所决定的，因此采用传统的有限变量的分析方法难以对该体系的主控因素及其关联机制进行深入的剖析和解释。多变量统计学是针对多变量，研究各变量之间可能存在的复杂关系，进而认识客观现象总体数量特征和数量关系的一种方法，已被广泛应用于自然、社会、经济、科学技术各个领域对许多复杂问题的分析。近年来，该技术也被应用于造纸领域中，例如，提出了一种基于 BP 神经网络的纸张缺陷检测与识别的方法，准确识别常见的尘埃、孔洞、裂口和褶子四种纸张缺陷；将多元累积和控制（CUSUM）方法及多元指数加权移动平均（EWMA）方法分别与主成分分析（PCA）相结合，用于造纸废水处理过程中微小故障的过程监测；基于高斯过程回归的软测量模型，以及平方指数协方差、线性协方差和周期性协方差函数组合构建了 7 种高斯过程回归模型，分别对出水化学需氧量和出水悬浮固形物浓度进行回归预测；建立 BP 神经网络和支持向量机的软测量方法，根据与打浆度有密切关系的变量，构造软测量模型，然后通过软件计算实现对打浆度的在线估计；使用主成分分析等对回收纤维进行鉴别。尽管上述这些复杂的分析可以通过诸多商业化的软件（如 SPSS、SIMCA、SAS）的计算加以实现，但这些商用软件需要专业人员才能操作，难以在企业的生产实践中推广。

本章基于前一章的模型与数据结论，设计了用于卷烟纸相似性聚类多变量分析的通用性程序。该智能识别软件是在传统方法测定纸张元素含量和纤维形态参数的基础上，结合现代先进主成分分析和 K-means 聚类的机器学习算法，最终实现对同类卷烟纸品质进行聚类分析和相似性分析。该系统不仅可以用于研究国内卷烟纸与进口优质卷烟纸的品质差距，对相似程度进行定量化的分析，还可以识别采购卷烟纸质量的稳定性，对采购的卷烟纸品质进行量化的控制。该系统程序界面简单、可操作性强，交互友好，应用的结果表明，其建立的多变量分析模型具有良好的效果和效率。

数据处理工具和软件界面设计工具

▶▶▶▶▶▶▶▶▶

一、数据处理工具 Matlab

Matlab 是一个多功能商业数学软件，用于数据分析、数据处理、数据计算、数据图表处理、算法编写的交互式环境和计算语言。Matlab 应用的是矩阵语言，其特点有：面向对象编程、输入和输出、函数、控制语句、数据结构等。采用 Matlab R2014b 和自带的各类函数库进行数据处理和数据建模，为实现本论文提出的方法和模型可视化提供核心基础。Matlab 主要用来编写程序数据输入接口、各种算法、数据输出接口。

二、界面设计工具 LabVIEW

LabVIEW 是一种程序开发环境，由 NI 公司研制开发，LabVIEW 编程语言使用的是图形化 G 语言，产生的程序是框图的形式。采用 LabVIEW 设计数据模型可视化操作界面，利用程序界面简单、可操作性强，交互友好的特性大大降低了方法和模型使用的复杂性，并提高了方法和模型的应用效率。

卷烟纸相似性聚类分析
程序界面的设计构思

一、程序界面的总体设计思路

根据用户特定的需求和操作使用的方便性,纸张相似性聚类程序与界面的设计在满足其识别的准确性外,也要考虑到其操作的简便性、界面的可读性。图 5-1 是程序界面设计上的总体构思。

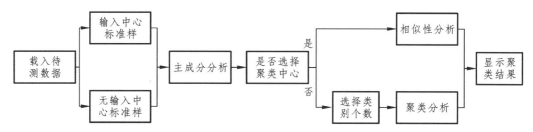

图 5-1　程序界面设计的总体构思

模型以"输入→输出"的简单思路作为界面设计的主要指导思想,目的是达到操作者输入,根据程序提示经过简单几步操作直接得到输出结果。根据图 5-1 模型的具体设计思路,操作者可以选择是否输入中心标准样,若选择输入中心标准样,则可通过选择聚类中心进行相似性分析或聚类分析;若选择不输入中心标准样,则可通过选择聚类个数进行聚类分析,最终得到分析结果。本节采用 LabVIEW 图形编程软件对纸张相似性聚类分析程序进行算法的编写和界面的开发,把繁琐的算法隐含在程序的底层,略去数据处理的过程,获得直观的识别结果,使复杂的识别方法转为可视化观察。

二、程序界面的模块组成

图 5-2 所示是程序界面的模块组成,共分为 3 个大的模块:元素分析、纤维分析、自选变量,元素分析又分为金属元素分析和非金属元素分析。使用者可以基于目的与性质参数选择对应模块对卷烟纸的品质进行相似性聚类综合分析。

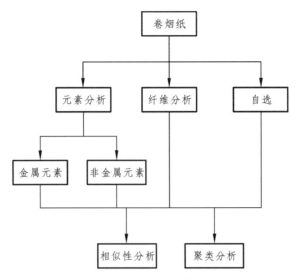

图 5-2　程序界面的模块组成

三、程序界面的设计具体实施方法

本研究共采用了 23 个同类卷烟纸样品，来自于国内不同厂家，每个样品均含有 14 个变量，包括：4 个金属元素 "K、Ca、Na、Mg"，4 个非金属元素 "C、O、P、Cl"，6 个纤维形态参数 "纤维质均长度、纤维宽度、长宽比、扭结指数、弯曲指数、细小纤维含量"。由于变量过多，为方便理解和清晰阐述，本文只选择 8 个元素变量进行说明，并且从 23 个数据中取第 1 个数据，通过对该数据进行小幅修改，以此作为中心标准样输入。

图 5-3 是由 LabView 设计开发的卷烟纸成分聚类分析程序界面，其中,（a）（b）（c）（d）分别为数据输入界面、相似性分析界面、聚类分析界面、结果显示界面。本节在输入待测数据和结果显示界面以表格形式显示数据，可以让操作者清晰具体地看到所有测试数据的详细信息和对应的聚类结果，方便不同数据之间进行对比。在数据输入界面，特别设计了多种中心标准样输入模式：金属元素、非金属元素、纤维形态参数等；在相似性分析界面，操作者可通过观察图表分析标准样和待测数据点分布的具体情况，然后自行选择作为标准样的中心；在聚类分析界面，操作者可通过观察图表分析待测数据的分布情况，自行选择聚类簇群的个数。

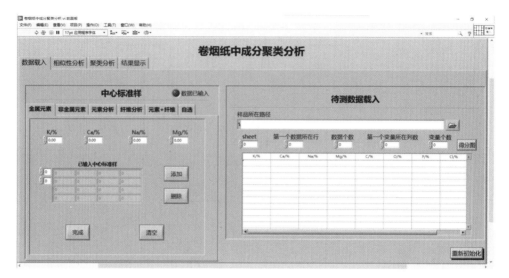

（a）

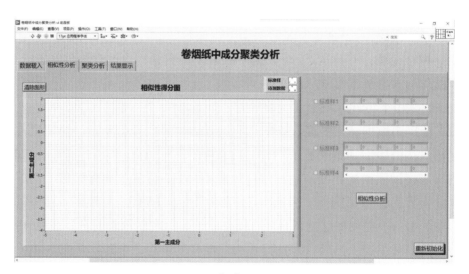

（b）

（c）

（d）

图 5-3　界面设计的实例

在开发卷烟纸成分聚类分析程序界面过程中，特别地将复杂算法加以包装和修饰，隐含在程序底层，而操作者的使用界面通俗易懂，操作者只需要拥有基础的计算机操作知识，就能够通过简单地输入数据，快速得到聚类结果，大大提高了同类卷烟纸品质相似性分析的效率。

第三节 卷烟纸相似性聚类分析程序 界面的软件开发与使用

一、程序的开发环境及设计目标

1. 开发工具

Labview2017

2. 开发平台

本软件系统可运行在 Windows XP Service Pack3 或更高版本下（表 5-1）。

表 5-1 软件运行系统要求

系统参数	CPU	RAM	硬盘空间
推荐系统	3.4 GHz	2 G	1 GB
必要系统	2.4 GHz	1 M	620 MB

3. 软件设计目标

本软件重点设计与实现：

（1）主成分分析对数据进行处理，去除冗余信息。

（2）运用 K-means 聚类对数据进行聚类分析，观测不同品质卷烟纸产品的差异。

二、程序的操作步骤

（一）安装程序和打开程序

如图 5-4、图 5-5、图 5-6 所示，打开"卷烟纸中成分聚类分析程序安装包"文件夹，点击"setup"应用程序，按照提示进行程序安装。

名称	修改日期	类型	大小
bin	2017/11/5 17:10	文件夹	
license	2017/11/5 17:10	文件夹	
supportfiles	2017/11/5 17:11	文件夹	
nidist.id	2017/11/5 17:11	ID 文件	1 KB
setup	2017/5/9 10:07	应用程序	1,393 KB
setup	2017/11/5 17:11	配置设置	18 KB

图 5-4 卷烟纸中成分聚类分析程序安装

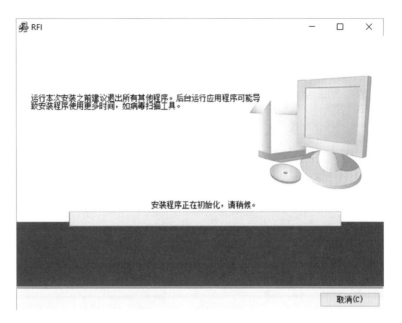

图 5-5　卷烟纸中成分聚类分析程序安装

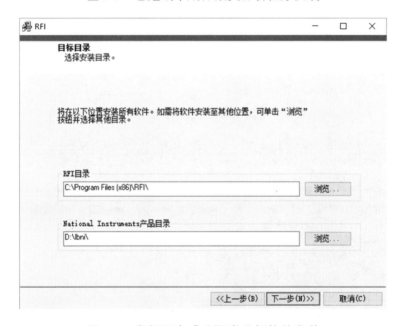

图 5-6　卷烟纸中成分聚类分析软件安装

在安装路径下找到"卷烟纸中成分聚类分析"应用程序并打开（图 5-7）。

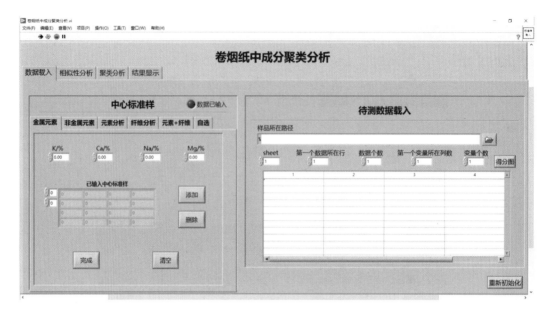

图 5-7　卷烟纸中成分聚类分析程序

（二）程序操作介绍

打开软件，进入主界面，如图 5-8 所示。

图 5-8　卷烟纸中成分聚类分析程序主界面

1. 标题栏与菜单栏

菜单栏 文件(F) 编辑(E) 操作(O) 工具(T) 窗口(W) 帮助(H) 的功能与一般程序的菜单栏相似。

2. 工具栏

工具栏的 3 个按钮 ➡🗔⬤ 的功能依次是：运行程序、连续运行程序、停止程序。

3. 程序功能选项卡

程序功能选项卡分为 4 个部分：数据载入 相似性分析 聚类分析 结果显示 "数据载入"面板可以输入中心标准样和待测数据。"相似性分析"面板可选定中心标准样和观测中心标准样与待测数据的差异。"聚类分析"面板可观测标准样与待测数据的差异并选定聚类中心的个数。"结果显示"面板是以数值的方式表示中心标准样与待测数据的差异或聚类结果。

4. 中心标准样输入面板

"中心标准样输入面板"集合了 6 种样品成分类型，分别是"金属元素""非金属元素""所有元素""纤维形态分析""元素+纤维形态"以及"自选"（图 5-9），通过单击选项卡切换不同成分类型的输入。

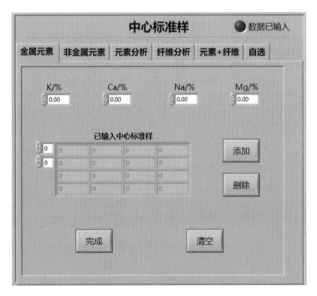

图 5-9　中心标准样输入面板

（1）除"自选"选项卡以外，其他选项卡均由 3 部分构成：数据输入、已输入中心标准样表格、功能按钮。如图 5-9 所示，以选择"金属元素"为例，首先进行中心样"K/%""Ca/%""Na/%""Mg/%"的数据输入，输入完毕后，点击"添加"按钮，即可将 4 个金属元素的数值输入"已输入中心标准样"表格中。"删除"按钮可以删除"已输入中心标准样"表格的最新行；"清空"按钮可以清空"已输入中心标准样"表格的所有数据；"完成"按钮即完成对中心标准样的输入。

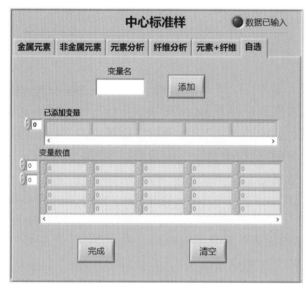

图 5-10　"自选"选项卡（a）

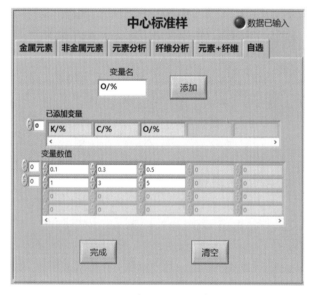

图 5-11　"自选"选项卡（b）

（2）选择"自选"选项卡，如图 5-10 所示，由 4 部分构成："变量名""已添加变量""变量数值""功能按钮"。"变量名"输入框可自行命名变量，点击"添加"可将"变量名"添加至"已添加变量"表格中。待逐个添加变量名后，在"变量数值"表格中对应变量名的列数下输入具体数值，如图 5-11 所示。"清空"按钮可以清空"已添加变量"和"变量数值"表格的所有数据。"完成"按钮即完成对中心标准样的输入。

5. 待测数据载入面板

考虑到待测数据个数的不确定性，待测数据的输入采用载入 Excel 文件的方式。

待测数据载入面板分为 3 个部分：参数设置、功能按钮、载入数据显示表格。

（1）点击样品所在路径旁的 ，选择需要载入的 Excel 文件。

注意：如果已输入中心标准样，则 Excel 文件中数据的变量顺序必须与中心标准样一致。例如，如果选择了"金属元素"面板，并且成功添加了中心标准样，则 Excel 中"K/%""Ca/%""Na/%""Mg/%"4 个变量需按顺序连续排列，如图 5-12 所示，此外，图中单元格背景颜色只为方便观看，载入数据所在的 Excel 单元格不得含有背景颜色。

图 5-12　待测数据载入面板

（2）设定好参数："sheet"表示 Excel 表格中数据所在的页数；"第一个数据所在行"表示 Excel 表格中第一个待测数据所在的行数，如图 5-13，第一个数据所在行为 4；"数据个数"表示待测数据的个数；"第一个变量所在列数"表示 Excel 表格中第一个变量所在的列数，如图 5-13 所示，第一个变量"K/%"所在列为 5；"变量个数”表示待测数据的变量个数。

（3）待参数设置完毕后，点击“得分图”，待载入数据将显示在表格中。

（4）如发现载入错误，重复步骤（1）（2）（3）即可。

卷烟纸表面元素含量

	名称	C/%	O/%	K/%	Ca/%	Na/%	Mg/%	P/%	Cl/%
1	WTS	45.64	50.12	0.1	3.82	0.33	0	0	0
2	HF-A	40.68	53.22	0.21	5.69	0.13	0.08	0	0
3	HF-B	49.22	48.13	2.35	0	0.12	0.18	0	0
4	JF-A	48.24	48.6	0.14	2.73	0.29	0	0	0
5	MF-A	49.57	48.01	0.1	2.07	0.25	0	0	0
6	MF-2A	48.35	48.46	0.18	2.77	0.24	0	0	0
7	NF-A	45.17	50.57	0.18	3.66	0.41	0	0	0
8	NF-B	46.41	49.72	0.16	3.26	0.38	0.07	0	0
9	HT-A	45.7	49.91	0.12	3.87	0.33	0	0	0.07
10	HT-B	47.27	48.98	0.13	3.22	0.33	0	0	0.07
11	yhns	45.76	50.03	0.15	3.62	0.35	0.08	0	0
12	ysay	41.15	52.75	0.2	5.76	0.14	0	0	0
13	ysbn	39.69	53.37	0.28	6.14	0.22	0.11	0.19	0
14	ysbn-g	44.92	50.53	0.29	4.21	0	0	0	0.05
15	ysjn	40.46	53.2	0.13	6.12	0	0.08	0	0
16	ZM-A	48.05	48.76	2.81	0	0.12	0.26	0	0
17	ZM-B	37.9	54.75	7.09	0	0	0.26	0	0
18	YN-1	45.08	50.29	0.11	4.13	0.39	0	0	0
19	A-2	39.9	53.62	0.29	5.9	0.28	0	0	0
20	B-2	46.85	49.5	0.14	3.29	0.22	0	0	0
21	C-2	40.38	53.25	0.18	6.04	0.15	0	0	0
22	D-2	47.09	49.44	0.2	3.04	0.19	0	0	0.04
23	E-2	38.7	54.11	0.09	6.84	0.16	0.09	0	0

图 5-13　变量顺序范例

6. 相似性分析与聚类分析

本程序的成分分析分为两个模式：给定中心标准样的相似性分析、无给定中心标准样的聚类分析。可根据不同需要选择是否输入中心标准样，如果选择输入“中心标准样”，则可使用相似性分析和聚类分析；如果无输入“中心标准样”，则只可使用聚类分析，程序将对载入的待测数据进行 K-means 聚类。

（1）相似性分析面板分为两部分：图表、标准样选择（图 5-14）。图表将显示此前在“数据载入”面板输入的“中心标准样”和“待测数据”的差异结果，样品差异与两点的距离成正比，即图表内两点的距离越远，说明两点所代表的样品差异越大。标准样选择可以自行选择和剔除相似性分析的中心标准样，选择完毕后，点击“相似性分析”按钮，分析结果将显示在“结果显示”面板（图 5-15）。

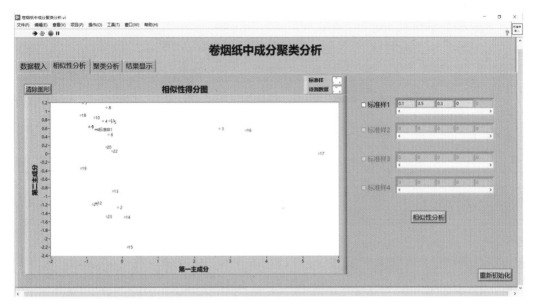

图 5-14　相似性分析

图 5-15　相似性分析结果

（2）聚类分析面板分为两部分：图表、聚类个数（图 5-16）。图表将显示此前在"数据载入"面板输入的"中心标准样"和"待测数据"的差异结果，样品差异与两点的距离成正比，即图表内两点的距离越远，说明两点所代表的样品差异越大。聚类个数选择可以自行选择聚类中心的个数，选择完毕后，点击"聚类分析"按钮，分析结果将显示在"结果显示"面板（图 5-17）。

图 5-16　聚类分析

图 5-17　聚类分析结果

7. 结果显示面板

结果显示面板分为 2 个部分：表格、功能按钮（图 5-18）。表格将显示待测数据与中心点的具体差异。"总得分图"按钮可直观绘出每个点与另一个点的距离和聚类情况。"导出 Excel"按钮可将表格导出至 Excel。

图 5-18　结果显示面板

8. 注意事项

（1）如果使用程序时出现不可逆转的操作错误，点击右下方"重新初始化"按钮即可，或者点击工具栏上的红色"停止程序"按钮，再点击"运行程序"按钮。

（2）如果选择使用"中心标准样"，则在"待测数据载入"面板载入文件的数据必须按照与中心标准样一致的变量顺序排列（Excel 单元格不得含有背景颜色）。

（3）相似性分析和聚类分析面板的图表均可以通过右键点击图表来导出。

主要参考文献

[1] 李洪艳. 碳酸钙在卷烟纸生产中的应用[J]. 造纸化学品, 2008, 20（4）: 43-45.

[2] YAMAMOTO T, UMEMURA S, KANEKO H. Effect of Exogenous Potassium on the reduction in tar, nicotine and carbon monoxide deliveries in the mainstrean smoke of cigarettes[J]. Beiträge zur Tabakforschung International, 1990, 14(6): 379-385.

[3] 龚安达, 等. 助燃剂对卷烟纸及卷烟烟气的影响研究[J]. 应用化工, 2011, 40（3）: 455-456.

[4] 梅志恒, 等. 卷烟纸添加剂及其制备方法专利申请公开号: CH1757826A[P]. 2006-04.

附　录

附录 A　卷烟纸相似性聚类分析软件的源程序

软件的源程序如下：

```
<VI syntaxVersion=11 LVversion=17008000 revision=6 name="基于卷烟纸金属
元素含量研究卷烟纸相似性的智能识别.vi">
    <TITLE><NO_TITLE name="基于卷烟纸金属元素含量研究卷烟纸相似性的智
能识别.vi"></TITLE>
    <HELP_PATH></HELP_PATH>
    <HELP_TAG></HELP_TAG>
    <RTM_PATH type="default"></RTM_PATH>
    <DESC></DESC>
    <CONTENT>
        <GROUPER>
            <PARTS>
            </PARTS></GROUPER>
        <CONTROL ID=80 type="数值" name="Mg/%">
            <DESC></DESC>
            <TIP></TIP>
            <PARTS>
                <PART ID=82 order=0 type="标题"><LABEL><STEXT><FONT
size=23>Mg/%</STEXT></LABEL></PART>
            </PARTS>
        </CONTROL>
        <CONTROL ID=80 type="数值" name="Na/%">
            <DESC></DESC>
            <TIP></TIP>
            <PARTS>
                <PART ID=82 order=0 type="标题"><LABEL><STEXT><FONT
```

size=23>Na/%</STEXT></LABEL></PART>

    </PARTS>

   </CONTROL>

   <CONTROL ID=80 type="数值" name="Ca/%">

    <DESC></DESC>

    <TIP></TIP>

    <PARTS>

     <PART ID=82 order=0 type="标题"><LABEL><STEXT><FONT
size=23>Ca/%</STEXT></LABEL></PART>

    </PARTS>

   </CONTROL>

   <CONTROL ID=80 type="数值" name="K/%">

    <DESC></DESC>

    <TIP></TIP>

    <PARTS>

     <PART ID=82 order=0 type="标题"><LABEL><STEXT><FONT
size=23>K/%</STEXT></LABEL></PART>

    </PARTS>

   </CONTROL>

   <CONTROL ID=82 type="数组" name="标准样数据">

    <DESC></DESC>

    <TIP></TIP>

    <PARTS>

     <PART ID=82 order=0 type="标题"><LABEL><STEXT><FONT
style='B'>标准样数据</STEXT></LABEL></PART>

    </PARTS>

    <CONTENT>

     <CONTROL ID=80 type="数值" name="Mg/%">

      <DESC></DESC>

      <TIP></TIP>

      <PARTS>

       <PART ID=82 order=0 type="标题"><LABEL><STEXT>

```
<FONT style='B'>Mg/%</STEXT></LABEL></PART>
                    </PARTS>
                </CONTROL>
            </CONTENT>
        </CONTROL>
        <CONTROL ID=82 type="数组" name="已输入中心标准样">
            <DESC></DESC>
            <TIP></TIP>
            <PARTS>
                <PART ID=82 order=0 type="标题"><LABEL><STEXT><FONT
style='B' size=23>已输入中心标准样</STEXT></LABEL></PART>
            </PARTS>
            <CONTENT>
                <CONTROL ID=80 type="数值" name="Mg/%">
                    <DESC></DESC>
                    <TIP></TIP>
                    <PARTS>
                        <PART ID=82 order=0 type="标题"><LABEL><STEXT>
Mg/%</STEXT></LABEL></PART>
                    </PARTS>
                </CONTROL>
            </CONTENT>
        </CONTROL>
        <CONTROL ID=79 type="布尔" name="删除">
            <DESC></DESC>
            <TIP></TIP>
            <PARTS>
                <PART ID=22 order=0 type="布尔文本"><MLABEL><FONT
size=24><STRINGS><STRING>删除</STRING></STRINGS></MLABEL></PART>
                <PART ID=82 order=0 type="标题"><LABEL><STEXT>删除
</STEXT></LABEL></PART>
            </PARTS>
```

```
        </CONTROL>
        <CONTROL ID=79 type="布尔" name="添加">
            <DESC></DESC>
            <TIP></TIP>
            <PARTS>
                <PART ID=22 order=0 type=" 布 尔 文 本 "><MLABEL><FONT
size=24><STRINGS><STRING>添加</STRING></STRINGS></MLABEL></PART>
                <PART ID=82 order=0 type=" 标 题 "><LABEL><STEXT>添 加
</STEXT></LABEL></PART>
            </PARTS>
        </CONTROL>
        <CONTROL ID=79 type="布尔" name="完成">
            <DESC></DESC>
            <TIP></TIP>
            <PARTS>
                <PART ID=22 order=0 type=" 布 尔 文 本 "><MLABEL><FONT
size=24><STRINGS><STRING>完成</STRING></STRINGS></MLABEL></PART>
                <PART ID=82 order=0 type=" 标 题 "><LABEL><STEXT>完 成
</STEXT></LABEL></PART>
            </PARTS>
        </CONTROL>
        <CONTROL ID=79 type="布尔" name="清空">
            <DESC></DESC>
            <TIP></TIP>
            <PARTS>
                <PART ID=22 order=0 type=" 布 尔 文 本 "><MLABEL><FONT
size=24><STRINGS><STRING>清空</STRING></STRINGS></MLABEL></PART>
                <PART ID=82 order=0 type=" 标 题 "><LABEL><STEXT>清 空
</STEXT></LABEL></PART>
            </PARTS>
        </CONTROL>
        <CONTROL ID=79 type="布尔" name="确定">
```

```
<DESC></DESC>
<TIP></TIP>
<PARTS>
    <PART ID=22 order=0 type="布尔文本"><MLABEL><FONT
size=24><STRINGS><STRING>得分图</STRING></STRINGS></MLABEL></PART>
    <PART ID=82 order=0 type="标题"><LABEL><STEXT>确定
</STEXT></LABEL></PART>
</PARTS>
</CONTROL>
<CONTROL ID=225 type="表格控件" name="载入数据">
<DESC></DESC>
<TIP></TIP>
<PARTS>
    <GROUPER>
        <PARTS>
        </PARTS></GROUPER>
    <PART ID=82 order=0 type="标题"><LABEL><STEXT><FONT
style='B'>载入数据</STEXT></LABEL></PART>
</PARTS>
<PRIV>
    <CELL_FONTS>
        [-2 -2]<FONT predef=APPFONT color=000000>
    </CELL_FONTS>
    <ROW_HEADER>
    </ROW_HEADER>
    <COL_HEADER>
        <STRING>K/%</STRING>
        <STRING>Ca/%</STRING>
        <STRING>Na/%</STRING>
        <STRING>Mg/%</STRING>
    </COL_HEADER>
</PRIV>
```

```
            <DEFAULT>
            </DEFAULT>
        </CONTROL>
        <CONTROL ID=94 type="XY 图" name="相似性得分图">
            <DESC></DESC>
            <TIP></TIP>
            <PARTS>
                <PART ID=8022 order=0 type="">
                    <CONTROL ID=231 type="树形" >
                        <DESC></DESC>
                        <TIP></TIP>
                        <PARTS>
                            <GROUPER>
                                <PARTS>
                                </PARTS></GROUPER>
                        </PARTS>
                        <PRIV>
                            <CELL_FONTS>
                                [-2 -2]<FONT predef=APPFONT color=000000>
                                [-1 -2]<FONT predef=APPFONT style='B' color=
000000>
                            </CELL_FONTS>
                            <ROW_HEADER>
                            </ROW_HEADER>
                            <COL_HEADER>
                                <STRING>游标:</STRING>
                                <STRING>X</STRING>
                                <STRING>Y</STRING>
                            </COL_HEADER>
                            <STRINGS>
                            </STRINGS>
                        </PRIV>
```

```
        </CONTROL>
      </PART>
      <PART  ID=82  order=0  type="标题"><LABEL><STEXT><FONT
style='B' size=31>相似性分析得分图</STEXT></LABEL></PART>
    </PARTS>
    <PRIV>
      <PLOTS><STRING>标 准 样</STRING><STRING>待 测 数 据
</STRING></PLOTS>
      <SCALE_NAMES><STRING>第 一 主 成 分</STRING><STRING>
第二主成分</STRING></SCALE_NAMES>
    </PRIV>
  </CONTROL>
  <CONTROL ID=80 type="数值" name="变量个数">
    <DESC></DESC>
    <TIP></TIP>
    <PARTS>
      <PART  ID=82  order=0  type="标题"><LABEL><STEXT><FONT
size=21>变量个数</STEXT></LABEL></PART>
    </PARTS>
  </CONTROL>
  <CONTROL ID=82 type="数组" name="标准样 PCA">
    <DESC></DESC>
    <TIP></TIP>
    <PARTS>
      <PART  ID=82  order=0  type="标题"><LABEL><STEXT>标 准 样
PCA</STEXT></LABEL></PART>
    </PARTS>
    <CONTENT>
      <CONTROL ID=80 type="数值" name="Real Matrix Element">
        <DESC></DESC>
        <TIP></TIP>
        <PARTS>
```

```
            <PART ID=82 order=0 type="标题"><LABEL><STEXT>
Real Matrix Element</STEXT></LABEL></PART>
         </PARTS>
       </CONTROL>
     </CONTENT>
   </CONTROL>
   <CONTROL ID=82 type="数组" name="训练集输入">
     <DESC><<B>>二维实数数组<</B>>中元素的类型与<<B>>实数矩阵
<</B>>的元素一致。<<B>>二维实数数组<</B>>中元素的顺序与<<B>>实数矩阵
<</B>>的元素一致。</DESC>
     <TIP></TIP>
     <PARTS>
        <PART ID=82 order=0 type="标题"><LABEL><STEXT>训练集输
入</STEXT></LABEL></PART>
     </PARTS>
     <CONTENT>
        <CONTROL ID=80 type="数值" name="Real Matrix Element">
           <DESC><<B>>二维实数数组<</B>>中元素的类型与<<B>>
实数矩阵<</B>>的元素一致。<<B>>二维实数数组<</B>>中元素的顺序与<<B>>
实数矩阵<</B>>的元素一致。</DESC>
           <TIP></TIP>
           <PARTS>
              <PART ID=82 order=0 type="标题"><LABEL><STEXT>
实数矩阵元素</STEXT></LABEL></PART>
           </PARTS>
        </CONTROL>
     </CONTENT>
   </CONTROL>
   <CONTROL ID=82 type="数组" name="标准样和待测数据">
     <DESC></DESC>
     <TIP></TIP>
     <PARTS>
```

```
        <PART ID=82 order=0 type="标题"><LABEL><STEXT>标准样和
待测数据</STEXT></LABEL></PART>
        </PARTS>
        <CONTENT>
            <CONTROL ID=80 type="数值" name="数值">
                <DESC></DESC>
                <TIP></TIP>
                <PARTS>
                    <PART ID=82 order=0 type="标题"><LABEL><STEXT>
数值</STEXT></LABEL></PART>
                </PARTS>
            </CONTROL>
        </CONTENT>
    </CONTROL>
    <CONTROL ID=80 type="数值" name="第一个数据所在行数">
        <DESC></DESC>
        <TIP></TIP>
        <PARTS>
            <PART ID=82 order=0 type="标题"><LABEL><STEXT><FONT
size=21>第一个数据所在行数</STEXT></LABEL></PART>
        </PARTS>
    </CONTROL>
    <CONTROL ID=80 type="数值" name="sheet">
        <DESC></DESC>
        <TIP></TIP>
        <PARTS>
            <PART ID=82 order=0 type="标题"><LABEL><STEXT><FONT
size=21>sheet</STEXT></LABEL></PART>
        </PARTS>
    </CONTROL>
    <CONTROL ID=80 type="数值" name="数据个数">
        <DESC></DESC>
```

```
<TIP></TIP>
<PARTS>
    <PART ID=82 order=0 type="标题"><LABEL><STEXT><FONT
size=21>数据个数</STEXT></LABEL></PART>
</PARTS>
</CONTROL>
<CONTROL ID=80 type="数值" name="第一个变量所在列数">
<DESC></DESC>
<TIP></TIP>
<PARTS>
    <PART ID=82 order=0 type="标题"><LABEL><STEXT><FONT
size=21>第一个变量所在列数</STEXT></LABEL></PART>
</PARTS>
</CONTROL>
<CONTROL ID=91 type="路径" name="样品所在路径">
<DESC></DESC>
<TIP></TIP>
<PARTS>
    <PART ID=8019 order=0 type="浏览按钮">
        <CONTROL ID=79 type="布尔" >
            <DESC></DESC>
            <TIP></TIP>
            <PARTS>
            </PARTS>
        </CONTROL>
    </PART>
    <PART ID=11 order=0 type="文本"><LABEL><STEXT><FONT
size=21></STEXT></LABEL></PART>
    <PART ID=82 order=0 type="标题"><LABEL><STEXT><FONT
size=24>样品所在路径</STEXT></LABEL></PART>
</PARTS>
<PRIV>
```

```
<PROMPT></PROMPT>
<MTCH_PTN></MTCH_PTN>
<PTN_LBEL></PTN_LBEL>
<STRT_PTH><PATH type="absolute"></PATH></STRT_PTH>
<PTH_BTN_LBL></PTH_BTN_LBL>
</PRIV>
<DEFAULT>
<PATH type="absolute"></PATH>
</DEFAULT>
</CONTROL>
<CONTROL ID=79 type="布尔" name="重新初始化">
<DESC></DESC>
<TIP></TIP>
<PARTS>
<PART ID=22 order=0 type="布尔文本"><MLABEL><FONT
size=21><STRINGS><STRING>重新初始化</STRING></STRINGS></MLABEL>
</PART>
<PART ID=82 order=0 type="标题"><LABEL><STEXT>重新初始
化</STEXT></LABEL></PART>
</PARTS>
</CONTROL>
<CONTROL ID=79 type="布尔" name="数据已输入">
<DESC></DESC>
<TIP></TIP>
<PARTS>
<PART ID=22 order=0 type="布尔文本"><MLABEL><STRINGS>
<STRING>OFF</STRING><STRING>ON</STRING><STRING>OFF</STRING><S
TRING>ON</STRING></STRINGS></MLABEL></PART>
<PART ID=82 order=0 type="标题"><LABEL><STEXT><FONT
size=21>数据已输入</STEXT></LABEL></PART>
</PARTS>
</CONTROL>
```

```
            </CONTENT>
         <BDCONTENT>
            <NODE ID=33 type="While Loop">
                <DESC></DESC>
                <BDCONTENT>
                    <CONTROL ID=80 type="数值常量" name="等待时间(毫秒)">
                        <DESC></DESC>
                        <TIP></TIP>
                        <PARTS>
                        </PARTS>
                    </CONTROL>
                    <NODE ID=47 type="Function" primID=54494157 primName="等
待(ms)">
                        <DESC></DESC>
                    </NODE>
                    <NODE ID=213 type="Event Struct">
                        <DESC></DESC>
                        <BDCONTENT>
                        </BDCONTENT>
                        <BDCONTENT>
                            <CONTROL ID=100 type="自定义类型" name="注释列表">
                                <DESC></DESC>
                                <TIP></TIP>
                                <PARTS>
                                    <PART ID=8010 order=0 type="自定义类型控件">
                                        <CONTROL ID=82 type="数组常量"
name="">
                                            <DESC></DESC>
                                            <TIP></TIP>
                                            <PARTS>
                                            </PARTS>
                                            <DEFAULT>
```

```
                                        <ARRAY nElems=0>
                                        </ARRAY>
                                </DEFAULT>
                                <CONTENT>
                                        <CONTROL ID=83 type="簇常量" >
                                                <DESC></DESC>
                                                <TIP></TIP>
                                                <PARTS>
                                                </PARTS>
                                                <CONTENT>
                                                        <GROUPER>
                                                                <PARTS>
                                                                </PARTS>
</GROUPER>

簇常量" name="Label Offset">

                                                                <CONTROL ID=83 type="

                                                                <DESC></DESC>
                                                                <TIP></TIP>
                                                                <PARTS>
                                                                </PARTS>
                                                                <CONTENT>
                                                                        <GROUPER>
                                                                                <PARTS>
                                                                                </PARTS>

</GROUPER>

ID=80 type="数值常量" name="Y">

</DESC>
                                                                                <CONTROL

                                                                                <DESC>

                                                                                <TIP></TIP>
                                                                                <PARTS>
                                                                                </PARTS>
```

```
                                                        </CONTROL>
                                                        <CONTROL  ID=
80 type="数值常量" name="X">
                                                            <DESC>

</DESC>
                                                            <TIP></TIP>
                                                            <PARTS>
                                                            </PARTS>
                                                        </CONTROL>
                                                    </CONTENT>
                                                </CONTROL>
                                                <CONTROL ID=80 type="
数值常量" name="Plot Area">
                                                    <DESC></DESC>
                                                    <TIP></TIP>
                                                    <PARTS>
                                                    </PARTS>
                                                </CONTROL>
                                                <CONTROL ID=79 type="
假常量" name="Lock Name">
                                                    <DESC></DESC>
                                                    <TIP></TIP>
                                                    <PARTS>
                                                    </PARTS>
                                                </CONTROL>
                                                <CONTROL ID=79 type="
假常量" name="Show Arrow">
                                                    <DESC></DESC>
                                                    <TIP></TIP>
                                                    <PARTS>
                                                    </PARTS>
                                                </CONTROL>
```

数值常量" name="Y Scale">

```
                                              <CONTROL ID=80 type="

                                                  <DESC></DESC>
                                                  <TIP></TIP>
                                                  <PARTS>
                                                  </PARTS>
                                              </CONTROL>
                                              <CONTROL ID=80 type="
```

数值常量" name="X Scale">

```
                                                  <DESC></DESC>
                                                  <TIP></TIP>
                                                  <PARTS>
                                                  </PARTS>
                                              </CONTROL>
                                              <CONTROL ID=83 type="
```

簇常量" name="Position">

```
                                                  <DESC></DESC>
                                                  <TIP></TIP>
                                                  <PARTS>
                                                  </PARTS>
                                                  <CONTENT>
                                                      <GROUPER>
                                                          <PARTS>
                                                          </PARTS>

                                                      <CONTROL
```

</GROUPER>

ID=80 type="数值常量" name="Y">

</DESC>

```
                                                          <DESC>

                                                          <TIP></TIP>
                                                          <PARTS>
                                                          </PARTS>
```

ID=80 type="数值常量" name="X">

</DESC>

数值常量" name="Index">

数值常量" name="Plot">

数值常量" name="Annotation Mode">

</CONTROL>
<CONTROL

　　　　<DESC>

　　　　<TIP></TIP>
　　　　<PARTS>
　　　　</PARTS>
　　　</CONTROL>
　　</CONTENT>
　</CONTROL>
<CONTROL ID=80 type="

　　<DESC></DESC>
　<TIP></TIP>
　<PARTS>
　</PARTS>
</CONTROL>
<CONTROL ID=80 type="

　　<DESC></DESC>
　<TIP></TIP>
　<PARTS>
　</PARTS>
</CONTROL>
<CONTROL ID=80 type="

　　<DESC></DESC>
　<TIP></TIP>
　<PARTS>
　</PARTS>
</CONTROL>

假常量" name="Allow Drag">

假常量" name="Name Visible">

数值常量" name="Point Style">

数值常量" name="Style">

数值常量" name="Color">

<CONTROL ID=79 type="

    <DESC></DESC>
    <TIP></TIP>
    <PARTS>
    </PARTS>
</CONTROL>
<CONTROL ID=79 type="

    <DESC></DESC>
    <TIP></TIP>
    <PARTS>
    </PARTS>
</CONTROL>
<CONTROL ID=80 type="

    <DESC></DESC>
    <TIP></TIP>
    <PARTS>
    </PARTS>
</CONTROL>
<CONTROL ID=80 type="

    <DESC></DESC>
    <TIP></TIP>
    <PARTS>
    </PARTS>
</CONTROL>
<CONTROL ID=80 type="

    <DESC></DESC>
    <TIP></TIP>

```
                                        <PARTS>
                                        </PARTS>
                                    </CONTROL>
                                    <CONTROL ID=81 type="
字符串常量" name="Name">
                                        <DESC></DESC>
                                        <TIP></TIP>
                                        <PARTS>
                                            <PART    ID=11
order=0 type="文本"><LABEL><STEXT></STEXT></LABEL></PART>
                                        </PARTS>
                                        <DEFAULT>
<SAME_AS_LABEL></DEFAULT>
                                    </CONTROL>
                                </CONTENT>
                            </CONTROL>
                        </CONTENT>
                    </CONTROL>
                </PART>
            </PARTS>
        </CONTROL>
        <NODE ID=140 type="Property Node" name="相似性得
分图">
            <DESC></DESC>
        </NODE>
        <NODE ID=169 type="Invoke Node" name="相似性得
分图">
            <DESC></DESC>
        </NODE>
        <NODE ID=169 type="Invoke Node">
            <DESC></DESC>
        </NODE>
```

```
            <NODE ID=182 type="CtlRefConst" name="本 VI">
                <DESC></DESC>
            </NODE>
        </BDCONTENT>
    </NODE>
    <CONTROL ID=79 type="假常量" >
        <DESC></DESC>
        <TIP></TIP>
        <PARTS>
        </PARTS>
    </CONTROL>
    </BDCONTENT>
</NODE>
<NODE ID=33 type="While Loop">
    <DESC></DESC>
    <BDCONTENT>
        <CONTROL ID=79 type="假常量" >
            <DESC></DESC>
            <TIP></TIP>
            <PARTS>
            </PARTS>
        </CONTROL>
        <CONTROL ID=80 type="数值常量" >
            <DESC></DESC>
            <TIP></TIP>
            <PARTS>
            </PARTS>
        </CONTROL>
        <NODE ID=213 type="Event Struct">
            <DESC></DESC>
            <BDCONTENT>
            </BDCONTENT>
```

```
<BDCONTENT>
    <CONTROL ID=80 type="数值常量" name="x">
        <DESC></DESC>
        <TIP></TIP>
        <PARTS>
        </PARTS>
    </CONTROL>
    <NODE  ID=47  type="Function"  primID=20564944prim
Name="除">
        <DESC></DESC>
    </NODE>
    <CONTROL ID=82 type="数组常量" >
        <DESC></DESC>
        <TIP></TIP>
        <PARTS>
        </PARTS>
        <DEFAULT>
            <ARRAY nElems=4>
                <STRING>K/%</STRING>
                <STRING>Ca/%</STRING>
                <STRING>Na/%</STRING>
                <STRING>Mg/%</STRING>
            </ARRAY>
        </DEFAULT>
        <CONTENT>
            <CONTROL  ID=81  type="字符串常量"  name="
变量名">
                <DESC></DESC>
                <TIP></TIP>
                <PARTS>
                    <PART  ID=11  order=0  type="文本">
<LABEL><STEXT><FONT style='B'>K/%</STEXT></LABEL></PART>
```

```
                        </PARTS>

    <DEFAULT><STRING></STRING></DEFAULT>
                        </CONTROL>
                    </CONTENT>
                </CONTROL>
            <CONTROL ID=100 type="自定义类型" name="活动单元
格:活动单元格">

                <DESC></DESC>
                <TIP></TIP>
                <PARTS>
                    <PART ID=8010 order=0 type="自定义类型控件">
                    <CONTROL ID=83 type="簇常量" name="">
                        <DESC></DESC>
                        <TIP></TIP>
                        <PARTS>
                        </PARTS>
                        <CONTENT>
                            <GROUPER>
                                <PARTS>
                                </PARTS></GROUPER>
                            <CONTROL  ID=80  type="数值常
量" name="Column">

                                <DESC></DESC>
                                <TIP></TIP>
                                <PARTS>
                                </PARTS>
                            </CONTROL>
                            <CONTROL  ID=80  type="数值常
量" name="Row">

                                <DESC></DESC>
                                <TIP></TIP>
```

```
                    <PARTS>
                    </PARTS>
                  </CONTROL>
                </CONTENT>
              </CONTROL>
          </PART>
        </PARTS>
      </CONTROL>
      <NODE ID=140 type="Property Node" name="载入数据">
        <DESC></DESC>
      </NODE>
      <NODE ID=187 type="Insert Into Array">
        <DESC></DESC>
      </NODE>
      <NODE ID=32 type="For Loop">
        <DESC></DESC>
        <BDCONTENT>
          <CONTROL ID=80 type="数值常量" name=
"Annotation Mode">

            <DESC></DESC>
            <TIP></TIP>
            <PARTS>
            </PARTS>
          </CONTROL>
          <CONTROL ID=79 type="假常量" name="Allow
Drag">

            <DESC></DESC>
            <TIP></TIP>
            <PARTS>
            </PARTS>
          </CONTROL>
          <NODE ID=47 type="Function" primID=20444441
```

primName="加">

　　　　　　　　　　　　　　　<DESC></DESC>

　　　　　　　　　</NODE>

　　　　　　　　　<CONTROL　ID=80　type="数值常量"　name=

"Label Offset.X">

　　　　　　　　　　　　<DESC></DESC>

　　　　　　　　　　　　<TIP></TIP>

　　　　　　　　　　　　<PARTS>

　　　　　　　　　　　　</PARTS>

　　　　　　　　　</CONTROL>

　　　　　　　　　<CONTROL ID=80 type="数值常量" name="索引">

　　　　　　　　　　　　<DESC></DESC>

　　　　　　　　　　　　<TIP></TIP>

　　　　　　　　　　　　<PARTS>

　　　　　　　　　　　　</PARTS>

　　　　　　　　　</CONTROL>

　　　　　　　　　<NODE ID=68 type="Index Array">

　　　　　　　　　　　　<DESC></DESC>

　　　　　　　　　</NODE>

　　　　　　　　　<CONTROL ID=80 type="数值常量" name="索引">

　　　　　　　　　　　　<DESC></DESC>

　　　　　　　　　　　　<TIP></TIP>

　　　　　　　　　　　　<PARTS>

　　　　　　　　　　　　</PARTS>

　　　　　　　　　</CONTROL>

　　　　　　　　　<NODE ID=68 type="Index Array">

　　　　　　　　　　　　<DESC></DESC>

　　　　　　　　　</NODE>

　　　　　　　　　<NODE　ID=47　type="Function"　primID=20442523

primName="数值至十进制数字符串转换">

　　　　　　　　　　　　<DESC></DESC>

　　　　　　　　　</NODE>

```
                        <NODE  ID=47  type="Function"  primID=20434E49
primName="加 1">

                              <DESC></DESC>
                        </NODE>
                        <CONTROL ID=86 type="颜色盒常量" >
                              <DESC></DESC>
                              <TIP></TIP>
                              <PARTS>
                              </PARTS>
                        </CONTROL>
                        <CONTROL ID=79 type="假常量" name="Name
Visible">

                              <DESC></DESC>
                              <TIP></TIP>
                              <PARTS>
                              </PARTS>
                        </CONTROL>
                        <NODE ID=99 type="(Un)Bundle by Name">
                              <DESC></DESC>
                        </NODE>
                  </BDCONTENT>
            </NODE>
            <NODE  ID=140  type="Property  Node"  name="相似性得
分图">

                  <DESC></DESC>
            </NODE>
            <NODE ID=68 type="Index Array">
                  <DESC></DESC>
            </NODE>
            <NODE ID=32 type="For Loop">
                  <DESC></DESC>
                  <BDCONTENT>
```

```
                    <CONTROL ID=79 type="假常量" name="Show
Arrow">
                        <DESC></DESC>
                        <TIP></TIP>
                        <PARTS>
                        </PARTS>
                    </CONTROL>
                    <CONTROL  ID=80  type="数值常量"  name=
"Annotation Mode">
                        <DESC></DESC>
                        <TIP></TIP>
                        <PARTS>
                        </PARTS>
                    </CONTROL>
                    <CONTROL ID=79 type="假常量" name="Allow
Drag">
                        <DESC></DESC>
                        <TIP></TIP>
                        <PARTS>
                        </PARTS>
                    </CONTROL>
                    <CONTROL  ID=80  type="数值常量"  name=
"Label Offset.X">
                        <DESC></DESC>
                        <TIP></TIP>
                        <PARTS>
                        </PARTS>
                    </CONTROL>
                    <CONTROL ID=80 type="数值常量" name="索引">
                        <DESC></DESC>
                        <TIP></TIP>
                        <PARTS>
```

```
                                          </PARTS>
                                      </CONTROL>
                                      <NODE ID=68 type="Index Array">
                                          <DESC></DESC>
                                      </NODE>
                                      <CONTROL ID=80 type="数值常量" name="索引">
                                          <DESC></DESC>
                                          <TIP></TIP>
                                          <PARTS>
                                          </PARTS>
                                      </CONTROL>
                                      <NODE ID=68 type="Index Array">
                                          <DESC></DESC>
                                      </NODE>
                                      <NODE ID=47 type="Function" primID=20442523
primName="数值至十进制数字符串转换">
                                          <DESC></DESC>
                                      </NODE>
                                      <NODE ID=47 type="Function" primID=20434E49
primName="加 1">

                                          <DESC></DESC>
                                      </NODE>
                                      <CONTROL ID=86 type="颜色盒常量" >
                                          <DESC></DESC>
                                          <TIP></TIP>
                                          <PARTS>
                                          </PARTS>
                                      </CONTROL>
                                      <CONTROL ID=81 type="字符串常量" name="
字符串">

                                          <DESC></DESC>
                                          <TIP></TIP>
```

```
                    <PARTS>
                        <PART  ID=11  order=0  type="文本">
<LABEL><STEXT></STEXT></LABEL></PART>
                    </PARTS>
                    <DEFAULT><STRING>标准样</STRING>
</DEFAULT>
                </CONTROL>
                <NODE ID=62 type="Concatenate Strings">
                    <DESC></DESC>
                </NODE>
                <CONTROL ID=79 type="假常量" name="Name
Visible">
                        <DESC></DESC>
                        <TIP></TIP>
                        <PARTS>
                        </PARTS>
                </CONTROL>
                <NODE ID=99 type="(Un)Bundle by Name">
                        <DESC></DESC>
                </NODE>
            </BDCONTENT>
        </NODE>
        <NODE  ID=140  type="Property  Node"  name="相似性得
分图">
                    <DESC></DESC>
        </NODE>
        <NODE ID=58 type="Build Array">
            <DESC></DESC>
        </NODE>
        <NODE ID=52 type="Bundle">
            <DESC></DESC>
        </NODE>
```

```
<NODE ID=72 type="Array Subset">
    <DESC></DESC>
</NODE>
<NODE  ID=47  type="Function"  primID=5A53584Dprim
Name="矩阵大小">

    <DESC></DESC>
</NODE>
<NODE ID=52 type="Bundle">
    <DESC></DESC>
</NODE>
<LABEL><STEXT>相似性分析</STEXT></LABEL>
<CONTROL ID=80 type="数值常量" name="精度(6)">
    <DESC></DESC>
    <TIP></TIP>
    <PARTS>
    </PARTS>
</CONTROL>
<NODE  ID=47  type="Function"  primID=20462523prim
Name="数值至小数字符串转换">
    <DESC></DESC>
</NODE>
<NODE  ID=140  type="Property  Node"  name="相似性得
分图">

    <DESC></DESC>
</NODE>
<CONTROL ID=100 type="自定义类型" name="注释列表">
    <DESC></DESC>
    <TIP></TIP>
    <PARTS>
        <PART ID=8010 order=0 type="自定义类型控件">
            <CONTROL ID=82 type="数组常量" name="">
                <DESC></DESC>
```

```
<TIP></TIP>
<PARTS>
</PARTS>
<DEFAULT>
    <ARRAY nElems=0>
    </ARRAY>
</DEFAULT>
<CONTENT>
    <CONTROL ID=83 type="簇常量" >
        <DESC></DESC>
        <TIP></TIP>
        <PARTS>
        </PARTS>
        <CONTENT>
            <GROUPER>
                <PARTS>
            </PARTS></GROUPER>
            <CONTROL ID=83 type="
簇常量" name="Label Offset">
                <DESC></DESC>
                <TIP></TIP>
                <PARTS>
                </PARTS>
                <CONTENT>
                    <GROUPER>
                        <PARTS>
                        </PARTS>
</GROUPER>
                    <CONTROL
ID=80 type="数值常量" name="Y">
                        <DESC></DESC>
                        <TIP></TIP>
```

```
                                                    <PARTS>
                                                    </PARTS>
                                                </CONTROL>
                                                <CONTROL  ID=
80 type="数值常量" name="X">

                                                  <DESC></DESC>
                                                    <TIP></TIP>
                                                    <PARTS>
                                                    </PARTS>
                                                </CONTROL>
                                              </CONTENT>
                                          </CONTROL>
                                          <CONTROL ID=80 type="
数值常量" name="Plot Area">

                                                  <DESC></DESC>
                                                  <TIP></TIP>
                                                  <PARTS>
                                                  </PARTS>
                                          </CONTROL>
                                          <CONTROL ID=79 type="
假常量" name="Lock Name">

                                                  <DESC></DESC>
                                                  <TIP></TIP>
                                                  <PARTS>
                                                  </PARTS>
                                          </CONTROL>
                                          <CONTROL ID=79 type="
假常量" name="Show Arrow">

                                                  <DESC></DESC>
                                                  <TIP></TIP>
                                                  <PARTS>
                                                  </PARTS>
```

```
数值常量" name="Y Scale">

数值常量" name="X Scale">

簇常量" name="Position">

</GROUPER>

ID=80 type="数值常量" name="Y">

</DESC>

</CONTROL>
<CONTROL ID=80 type="

    <DESC></DESC>
    <TIP></TIP>
    <PARTS>
    </PARTS>
</CONTROL>
<CONTROL ID=80 type="

    <DESC></DESC>
    <TIP></TIP>
    <PARTS>
    </PARTS>
</CONTROL>
<CONTROL ID=83 type="

    <DESC></DESC>
    <TIP></TIP>
    <PARTS>
    </PARTS>
    <CONTENT>
        <GROUPER>
            <PARTS>
            </PARTS>

            <CONTROL

            <DESC>

            <TIP></TIP>
            <PARTS>
```

```
                                              </PARTS>
                                         </CONTROL>
                                         <CONTROL

ID=80 type="数值常量" name="X">

                                              <DESC>

</DESC>

                                              <TIP></TIP>
                                              <PARTS>
                                              </PARTS>
                                         </CONTROL>
                                    </CONTENT>
                               </CONTROL>
                               <CONTROL ID=80 type="

数值常量" name="Index">

                                    <DESC></DESC>
                                    <TIP></TIP>
                                    <PARTS>
                                    </PARTS>
                               </CONTROL>
                               <CONTROL ID=80 type="

数值常量" name="Plot">

                                    <DESC></DESC>
                                    <TIP></TIP>
                                    <PARTS>
                                    </PARTS>
                               </CONTROL>
                               <CONTROL ID=80 type="

数值常量" name="Annotation Mode">

                                    <DESC></DESC>
                                    <TIP></TIP>
                                    <PARTS>
                                    </PARTS>
```

</CONTROL>

<CONTROL ID=79 type="

假常量" name="Allow Drag">

    <DESC></DESC>

    <TIP></TIP>

    <PARTS>

    </PARTS>

</CONTROL>

<CONTROL ID=79 type="

假常量" name="Name Visible">

    <DESC></DESC>

    <TIP></TIP>

    <PARTS>

    </PARTS>

</CONTROL>

<CONTROL ID=80 type="

数值常量" name="Point Style">

    <DESC></DESC>

    <TIP></TIP>

    <PARTS>

    </PARTS>

</CONTROL>

<CONTROL ID=80 type="

数值常量" name="Style">

    <DESC></DESC>

    <TIP></TIP>

    <PARTS>

    </PARTS>

</CONTROL>

<CONTROL ID=80 type="

数值常量" name="Color">

    <DESC></DESC>

```
                                              <TIP></TIP>
                                              <PARTS>
                                              </PARTS>
                                           </CONTROL>
                                           <CONTROL ID=81 type="
字符串常量" name="Name">

                                              <DESC></DESC>
                                              <TIP></TIP>
                                              <PARTS>
                                                 <PART ID=11 order
=0 type="文本"><LABEL><STEXT></STEXT></LABEL></PART>
                                              </PARTS>


    <DEFAULT><SAME_AS_LABEL></DEFAULT>
                                           </CONTROL>
                                        </CONTENT>
                                     </CONTROL>
                                  </CONTENT>
                               </CONTROL>
                            </PART>
                         </PARTS>
                      </CONTROL>
                      <NODE ID=49 type="SubVI" subVIName="pca 可插入标
准样.vi">

                         <DESC></DESC>
                      </NODE>
                      <NODE ID=50 type="Global Variable">
                         <DESC></DESC>
                      </NODE>
                      <NODE ID=50 type="Global Variable">
                         <DESC></DESC>
                      </NODE>
```

```
<NODE ID=52 type="Bundle">
    <DESC></DESC>
</NODE>
</BDCONTENT>
<BDCONTENT>
    <NODE ID=44 type="Select">
    <DESC></DESC>
    <BDCONTENT>
    </BDCONTENT>
    <BDCONTENT>
        <CONTROL ID=81 type="字符串常量" name="
消息">
            <DESC></DESC>
            <TIP></TIP>
            <PARTS>
                <PART ID=11 order=0 type=" 文 本
"><LABEL><STEXT></STEXT></LABEL></PART>
            </PARTS>
            <DEFAULT><STRING>文 件 路 径 错 误！
</STRING></DEFAULT>
        </CONTROL>
        <NODE    ID=47    type="Function"    primID=
4C444231 primName="单按钮对话框">
            <DESC></DESC>
        </NODE>
    </BDCONTENT>
</NODE>
    <NODE    ID=47    type="Function"    primID=204E414E
primName="非法数字/路径/引用句柄？">
    <DESC></DESC>
    </NODE>
</BDCONTENT>
```

```
        </NODE>
        <CONTROL ID=80 type="数值常量" name="等待时间(毫秒)">
            <DESC></DESC>
            <TIP></TIP>
            <PARTS>
            </PARTS>
        </CONTROL>
        <NODE ID=47 type="Function" primID=54494157 primName="等
待(ms)">
            <DESC></DESC>
        </NODE>
    </BDCONTENT>
</NODE>
<CONTROL ID=82 type="数组常量" name="已输入标准样">
    <DESC></DESC>
    <TIP></TIP>
    <PARTS>
    </PARTS>
    <CONTENT>
        <CONTROL ID=80 type="数值常量" name="Mg/%">
            <DESC></DESC>
            <TIP></TIP>
            <PARTS>
            </PARTS>
        </CONTROL>
    </CONTENT>
</CONTROL>
<NODE ID=33 type="While Loop">
    <DESC></DESC>
    <BDCONTENT>
        <NODE ID=50 type="Global Variable">
            <DESC></DESC>
```

```
</NODE>
<NODE ID=47 type="Function" primID=20544F4E primName="非">
    <DESC></DESC>
</NODE>
<NODE ID=47 type="Function" primID=3F504D45 primName="空
数组？">

    <DESC></DESC>
</NODE>
<CONTROL ID=80 type="数值常量" name="等待时间(毫秒)">
    <DESC></DESC>
    <TIP></TIP>
    <PARTS>
    </PARTS>
</CONTROL>
<NODE ID=47 type="Function" primID=54494157 primName="等
待(ms)">

    <DESC></DESC>
</NODE>
<CONTROL ID=79 type="假常量" >
    <DESC></DESC>
    <TIP></TIP>
    <PARTS>
    </PARTS>
</CONTROL>
<CONTROL ID=80 type="数值常量" >
    <DESC></DESC>
    <TIP></TIP>
    <PARTS>
    </PARTS>
</CONTROL>
<NODE ID=213 type="Event Struct">
    <DESC></DESC>
```

```
<BDCONTENT>
    <NODE ID=202 type="Flat Sequence">
        <DESC></DESC>
        <NODE ID=289 type="Sequence Frame">
            <DESC></DESC>
            <BDCONTENT>
                <NODE ID=187 type="Insert Into Array">
                    <DESC></DESC>
                </NODE>
                <NODE ID=58 type="Build Array">
                    <DESC></DESC>
                </NODE>
            </BDCONTENT>
        </NODE>
        <NODE ID=289 type="Sequence Frame">
            <DESC></DESC>
            <BDCONTENT>
                <NODE ID=169 type="Invoke Node" name=
"Mg/%">
                    <DESC></DESC>
                </NODE>
                <NODE ID=169 type="Invoke Node" name=
"Na/%">
                    <DESC></DESC>
                </NODE>
                <NODE ID=169 type="Invoke Node" name=
"Ca/%">
                    <DESC></DESC>
                </NODE>
                <NODE ID=169 type="Invoke Node" name=
"K/%">
                    <DESC></DESC>
```

```
                    </NODE>
                </BDCONTENT>
            </NODE>
        </NODE>
    </BDCONTENT>
    <BDCONTENT>
        <NODE ID=50 type="Global Variable">
            <DESC></DESC>
        </NODE>
    </BDCONTENT>
    <BDCONTENT>
        <NODE    ID=47    type="Function"    primID=2020524F
primName="或">
            <DESC></DESC>
        </NODE>
        <CONTROL ID=80 type="数值常量" name="y">
            <DESC></DESC>
            <TIP></TIP>
            <PARTS>
            </PARTS>
        </CONTROL>
        <NODE    ID=47    type="Function"    primID=20205447
primName="大于？">
            <DESC></DESC>
        </NODE>
        <NODE    ID=47    type="Function"    primID=20305145
primName="等于0？">
            <DESC></DESC>
        </NODE>
        <NODE ID=44 type="Select">
            <DESC></DESC>
            <BDCONTENT
```

```
<NODE ID=32 type="For Loop">
    <DESC></DESC>
    <BDCONTENT>
        <DESC></DESC>
        <TIP></TIP>
        <PARTS>
        </PARTS>
        <NODE ID=62 type="Concatenate Strings">
            <DESC></DESC>
        </NODE>
        <NODE ID=32 type="For Loop">
            <DESC></DESC>
            <BDCONTENT>
                <NODE ID=49 type="SubVI"
subVIName="Space Constant.vi">
                    <DESC></DESC>
                </NODE>
                <NODE ID=62 type="Concatenate
Strings">
                    <DESC></DESC>
                </NODE>
                <CONTROL ID=80 type="数值
常量" name="精度(6)">
                    <DESC></DESC>
                    <TIP></TIP>
                    <PARTS>
                    </PARTS>
                </CONTROL>
                <NODE ID=47 type="Function"
primID=20462523 primName="数值至小数字符串转换">
                    <DESC></DESC>
                </NODE>
```

```
                    </BDCONTENT>
                </NODE>
            </BDCONTENT>
        </NODE>
        <DESC></DESC>
        <TIP></TIP>
        <PARTS>
        </PARTS>
        <CONTROL ID=81 type="字符串常量" name="F
按钮名称("取消")">
            <DESC></DESC>
            <TIP></TIP>
            <PARTS>
                <PART  ID=11  order=0  type=" 文 本
"><LABEL><STEXT></STEXT></LABEL></PART>
            </PARTS>
            <DEFAULT><STRING>　否　</STRING>
</DEFAULT>
        </CONTROL>
        <CONTROL ID=81 type="字符串常量" name="T
按钮名称("确定")">
            <DESC></DESC>
            <TIP></TIP>
            <PARTS>
                <PART  ID=11  order=0  type=" 文 本
"><LABEL><STEXT></STEXT></LABEL></PART>
            </PARTS>
            <DEFAULT><STRING>　是　</STRING>
</DEFAULT>
        </CONTROL>
        <NODE ID=62 type="Concatenate Strings">
            <DESC></DESC>
```

```
                        </NODE>
                        <CONTROL ID=81 type="字符串常量" name="
消息">
                            <DESC></DESC>
                            <TIP></TIP>
                            <PARTS>
                                <PART ID=11 order=0 type="文本">
<LABEL><STEXT></STEXT></LABEL></PART>
                            </PARTS>
                            <DEFAULT><STRING>是否完成标准样的
输入？</STRING></DEFAULT>
                        </CONTROL>
                        <NODE    ID=47    type="Function"    primID=
4C444232 primName="双按钮对话框">
                            <DESC></DESC>
                        </NODE>
                    </BDCONTENT>
                    <BDCONTENT>
                        <NODE ID=44 type="Select">
                        <DESC></DESC>
                        <BDCONTENT>
                            <NODE ID=50 type="Global Variable">
                                <DESC></DESC>
                            </NODE>
                        </BDCONTENT>
                        <BDCONTENT>
                            <NODE ID=32 type="For Loop">
                                <DESC></DESC>
                                <BDCONTENT>
                                    <DESC></DESC>
                                    <TIP></TIP>
                                    <PARTS>
```

```xml
</PARTS>
<NODE ID=62 type="Concatenate Strings">
    <DESC></DESC>
</NODE>
<NODE ID=32 type="For Loop">
    <DESC></DESC>
    <BDCONTENT>
        <NODE ID=49 type="SubVI" subVIName="Space Constant.vi">
            <DESC></DESC>
        </NODE>
        <NODE ID=62 type="Concatenate Strings">
            <DESC></DESC>
        </NODE>
        <CONTROL ID=80 type="数值常量" name="精度(6)">
            <DESC></DESC>
            <TIP></TIP>
            <PARTS>
            </PARTS>
        </CONTROL>
        <NODE ID=47 type="Function" primID=20462523 primName="数值至小数字符串转换">
            <DESC></DESC>
        </NODE>
    </BDCONTENT>
```

```
                                              </NODE>
                                          </BDCONTENT>
                                      </NODE>
                                      <DESC></DESC>
                                      <TIP></TIP>
                                      <PARTS>
                                      </PARTS>
                                      <CONTROL ID=81 type="字符串常量"
name="F 按钮名称（"取消"）">
                                          <DESC></DESC>
                                          <TIP></TIP>
                                          <PARTS>
                                              <PART ID=11 order=0 type="
文本"><LABEL><STEXT></STEXT></LABEL></PART>
                                          </PARTS>
                                          <DEFAULT><STRING>否</STRING>
</DEFAULT>
                                      </CONTROL>
                                      <CONTROL ID=81 type="字符串常量"
name="T 按钮名称（"确定"）">
                                          <DESC></DESC>
                                          <TIP></TIP>
                                          <PARTS>
                                              <PART ID=11 order=0 type="
文本"><LABEL><STEXT></STEXT></LABEL></PART>
                                          </PARTS>
                                          <DEFAULT><STRING>是</STRING>
</DEFAULT>
                                      </CONTROL>
                                      <NODE    ID=62    type="Concatenate
Strings">
                                          <DESC></DESC>
```

```
                                    </NODE>
                                    <CONTROL ID=81 type="字符串常量"
name="消息">
                                        <DESC></DESC>
                                        <TIP></TIP>
                                        <PARTS>
                                            <PART ID=11 order=0 type="
文本"><LABEL><STEXT></STEXT></LABEL></PART>
                                        </PARTS>
                                        <DEFAULT><STRING>是否完成
标准样的输入？</STRING></DEFAULT>
                                    </CONTROL>
                                    <NODE      ID=47      type="Function"
primID=4C444232 primName="双按钮对话框">
                                        <DESC></DESC>
                                    </NODE>
                                </BDCONTENT>
                            </NODE>
                            <CONTROL ID=81 type="字符串常量" name="F
按钮名称("取消")">
                                        <DESC></DESC>
                                        <TIP></TIP>
                                        <PARTS>
                                            <PART  ID=11  order=0  type=" 文 本
"><LABEL><STEXT></STEXT></LABEL></PART>
                                        </PARTS>
                                        <DEFAULT><STRING>    否    </STRING>
</DEFAULT>
                                    </CONTROL>
                                    <CONTROL ID=81 type="字符串常量" name="T
按钮名称("确定")">
                                        <DESC></DESC>
```

```
<TIP></TIP>
<PARTS>
    <PART ID=11 order=0 type="文本">
<LABEL><STEXT></STEXT></LABEL></PART>
</PARTS>
<DEFAULT><STRING> 是 </STRING>
</DEFAULT>
</CONTROL>
<CONTROL ID=81 type="字符串常量" name="
消息">
<DESC></DESC>
<TIP></TIP>
<PARTS>
    <PART ID=11 order=0 type="文本">
<LABEL><STEXT></STEXT></LABEL></PART>
</PARTS>
<DEFAULT><STRING>无标准样或 4 个以
上标准样只进行聚类分析</STRING></DEFAULT>
</CONTROL>
<NODE ID=47 type="Function" primID=
4C444232 primName="双按钮对话框">
<DESC></DESC>
</NODE>
</BDCONTENT>
</NODE>
<NODE ID=47 type="Function" primID=5A53584D
primName="矩阵大小">
<DESC></DESC>
</NODE>
<NODE ID=50 type="Global Variable">
<DESC></DESC>
</NODE>
```

```
            </BDCONTENT>
            <BDCONTENT>
                <CONTROL ID=82 type="数组常量" name="已输入中心
标准样">
                    <DESC></DESC>
                    <TIP></TIP>
                    <PARTS>
                    </PARTS>
                    <CONTENT>
                        <CONTROL  ID=80  type="数值常量"  name=
"Mg/%">
                            <DESC></DESC>
                            <TIP></TIP>
                            <PARTS>
                            </PARTS>
                        </CONTROL>
                    </CONTENT>
                </CONTROL>
            </BDCONTENT>
            <BDCONTENT>
                <CONTROL ID=80 type="数值常量" name="长度">
                    <DESC></DESC>
                    <TIP></TIP>
                    <PARTS>
                    </PARTS>
                </CONTROL>
                <NODE    ID=47   type="Function"   primID=20434544
primName="减 1">
                        <DESC></DESC>
                </NODE>
                <NODE    ID=47    type="Function"    primID=5A53584D
primName="矩阵大小">
```

```
                    <DESC></DESC>
                </NODE>
                <NODE ID=189 type="Delete From Array">
                    <DESC></DESC>
                </NODE>
                <NODE ID=50 type="Global Variable">
                    <DESC></DESC>
                </NODE>
            </BDCONTENT>
        </NODE>
        </BDCONTENT>
    </NODE>
</BDCONTENT>
</VI>
```

附录 B　卷烟纸相关标准

1. 烟草用纸国家标准

（1）产品标准

GB/T 12655—2007 卷烟纸

GB/T 12655—2017 卷烟纸基本性能要求

（2）测试标准

GB/T 450—2008 纸和纸板试样的采取及试样纵横向、正反面的测定

GB/T 451.2—2002 纸和纸板定量的测定

GB/T 462—2008 纸、纸板和纸浆　分析试样水分的测定

GB/T 742—2018 造纸原料、纸浆、纸和纸板　灼烧残余物（灰分）的测定
（575 ℃ 和 900 ℃）

GB/T 1541—2013 纸和纸板　尘埃度的测定

GB/T 1543—2005 纸和纸板　不透明度（纸背衬）的测定（漫反射法）

GB/T 7974—2013 纸、纸板和纸浆　蓝光漫反射因数 D65 亮度的测定（漫射/
垂直法，室外日光条件）

GB/T 8943.4—2008 纸、纸板和纸浆　钙、镁含量的测定

GB/T 10342—2002 纸张的包装和标志

GB/T 10739—2002 纸、纸板和纸浆试样处理和试验的标准大气条件（eqv ISO
187:1990）

GB/T 12658—1990 纸浆、纸和纸板中钾、钠含量的测定（火焰原子吸收光谱法）

GB/T 12658—2008 纸、纸板和纸浆　钠含量的测定

GB/T 12914—2018 纸和纸板 抗张强度的测定　恒速拉伸法（20 mm/min）

GB/T 23227—2018 卷烟纸、成形纸、接装纸、具有间断或连续透气区的材料
以及具有不同透气带的材料　透气度的测定

GB/T 2828.1—2012 计数抽样检验程序　第 1 部分：按接收质量限（AQL）检
索的逐批检验抽样计划

2. 烟草行业标准

（1）测试标准

YC/T 197—2005 卷烟纸阴燃速率的测定

YC/T 275—2008 卷烟纸中柠檬酸根离子、磷酸根离子和醋酸根离子的测定

YC/T 409—2018 卷烟纸中特殊纤维的鉴别显微镜观察分析法

YC/T 425—2011 烟用纸张尺寸的测定　非接触式光学法

（2）烟草用纸卫生安全标准

YQ 94—2020 卷烟纸安全卫生要求